Die Berechnung

der

Kanäle und Rohrleitungen

nach einem

neuen einheitlichen System mittels logarithmo-graphischer Tabellen

von

Albert Frank,

Privatdocent an der k. technischen Hochschule in München.

Mit IX Tafeln und 11 in den Text gedruckten Figuren.

München und **Leipzig.**

Druck und Verlag von R. Oldenbourg.

1886.

Inhalt.

Einleitung.

Wenn man in unseren Handbüchern über angewandte Hydraulik die Kapitel, welche die Formeln der Bewegung des Wassers in Kanälen und Röhren, sowie die Berechnungen der Querschnitte behandeln, einer Betrachtung unterzieht, so wird man gewahr, dass diese Kapitel meist getrennt von einander behandelt werden, während sie doch ein zusammengehöriges Ganze bilden. Denn die Bewegung des Wassers in Röhren unterscheidet sich von derjenigen in Kanälen nur dadurch, dass an Stelle des Gefälles des offenen Wasserspiegels dasjenige der Drucklinie tritt; und dass das Material der Wandungen zum Theil ein anderes ist, als bei den Kanälen. Ferner werden meist die sämmtlichen Formeln, welche im Laufe der Zeit von den verschiedenen Autoren aufgestellt wurden, aufgezählt, wohl auch mehr oder weniger kritisch beleuchtet. Hiernach jedoch zu beurtheilen, welche Formeln gegebenen Falls anzuwenden sind, ist immerhin nicht leicht; denn es fehlt in der Regel an einer Uebersichtlichkeit, welche einen Vergleich der verschiedenen Formeln gestattete. Zudem sind dann die Formeln meist noch etwas complicirter Form und umständlich in der Anwendung. Es kommt deshalb nicht selten vor, dass man diese Formeln bei Seite legt und sich lieber der alten einfachen Formeln bedient, obwohl man weiss, dass dieselben nicht zutreffend sind.

Auch bezüglich der Profilformen findet man in den Handbüchern nicht immer die gewünschte Klarheit, die im einzelnen Falle über die Anwendbarkeit und Vortheilhaftigkeit eines Profils Aufschluss gibt. Andrerseits aber zieht man wieder eine ungünstigere Profilform einer besseren vor, nur weil mit der ersteren bequemer zu rechnen ist.

Um deshalb sowohl die neueren Formeln, als auch die besseren Profilformen mehr in die Praxis einzuführen, schien es mir angezeigt, Mittel und Wege zu suchen, durch welche einerseits ein Vergleich der Profilformen unter sich bezüglich ihrer Vortheilhaftigkeit ermöglicht und andrerseits das Rechnen überhaupt und insbesondere die Anwendung der zusammengesetzteren Formeln und Profile erleichtert würde.

Dazu aber war es zunächst erforderlich, auf die Querprofilformen näher einzugehen und dieselben hinsichtlich ihrer Güte und Verwendbarkeit zu untersuchen. Es bot sich hiebei in den Formcoëfficienten ein Mittel, um die Güte der Profile durch eine absolute Zahl auszudrücken und hiedurch vergleichbar zu machen.

Um ferner die Rechnung zu vereinfachen, musste die ganze Berechnungsweise in ein einheitliches System gebracht und für dieses eine übersichtliche Darstellungsweise gesucht werden. Ersteres wurde erreicht durch Aufstellung des Systems der Form- und Maasscoëfficienten, Letzteres durch die logarithmo-graphischen Tabellen, welche ausserdem noch einen guten Ueberblick über die einzelnen Geschwindigkeitsformeln und einen Vergleich derselben unter sich gewähren.

Durch diese Hilfsmittel reducirt sich aber die Rechnung ganz wesentlich; sie beschränkt sich meist auf einige Multiplicationen oder Divisionen und führt rasch und sicher zum Ziel.

Dabei ist die Genauigkeit, welche durch die neue Berechnungsweise erreicht wird, in Anbetracht des ziemlich weiten Spielraums, den die Wahl des Geschwindigkeits- bezw. Rauhheits-Coëfficienten gestattet, eine vollständig genügende.

I. Querprofile der Leitungen.

Die Form der Querprofile von Wasserleitungen ist eine sehr verschiedene, je nach dem Zweck, dem dieselben dienen und nach dem Material, in welchem sie ausgeführt werden. Bezüglich des Zweckes kommt es darauf an, ob die abzuleitenden Wassermengen constant bleiben oder ob sie grösseren Schwankungen ausgesetzt sind. Das Material der Profilwandungen kommt namentlich in Betracht hinsichtlich der Geschwindigkeit, mit welcher das Wasser geführt werden darf, ohne dass ein Angreifen der Wandungen zu befürchten ist. Die Leitungen unterscheiden sich somit besonders nach der Angreifbarkeit der Wandungen. Leicht angreifbare Wände sind solche in Erde hergestellte, schwer angreifbare solche in Felsen oder Mauerwerk oder auch Eisen. Bei ersteren darf deshalb mit der maximalen Geschwindigkeit bei weitem nicht so hoch gegangen werden, als bei letzteren. Ferner ist bei ersteren auch die Form des Querprofils eine wenig veränderliche, durch die Standfestigkeit des Materials bedingte. Die Form ist gewöhnlich die Trapezform oder eine ähnliche, bei welcher die Sohle kreisförmig gekrümmt ist, nämlich das Kreissohlenprofil. Eine Ueberdeckung findet bei diesen nicht statt. Bei den Leitungen in festem Material dagegen ist man weder bezüglich der Geschwindigkeit noch bezüglich der Querprofilform an jene Grenzen gebunden und können diese je nach Bedürfniss offen oder gedeckt hergestellt werden.

Immerhin hat man aber sowohl bei den offenen, wie bei den gedeckten Profilen noch einen weiten Spielraum bezüglich der Annahme der Maassverhältnisse, welcher sich jedoch erheblich einschränkt, sobald man sich die Bedingung stellt, unter sonst gleichen Verhältnissen ein möglichst kleines Profil zu erhalten; und hierauf ist bei allen Projectirungen schon in Hinsicht auf die Anlagekosten ganz besonders zu sehen. Es fragt sich nun, wie müssen die Querprofile gestaltet sein, damit sie obiger Bedingung genügen? Die Antwort hierauf ist aber: ihr benetzter Umfang muss möglichst klein sein oder, was dasselbe heisst: das Verhältniss der Querprofilfläche F zum benetzten Umfang p, welches der hydraulische Radius $R = \frac{F}{p}$ heisst, muss möglichst gross werden; denn je kleiner der benetzte Umfang bei gleicher Profilfläche ist, um so kleiner ist auch der Widerstand, welchen das Wasser an den Wandungen erfährt. Der hydraulische Radius R ist also hiernach von ganz besonderer Bedeutung hinsichtlich der Querprofilformen und spielt, wie wir noch weiter sehen werden, eine grosse Rolle bei allen Berechnungen. Jedoch sind hierüber noch einige Bemerkungen am Platze.

Die Profile sind meist durch mehrere Maasse gegeben; man kann nun in der Regel diese Maasse unter einander in Beziehung setzen und alle durch **ein** Maass ausdrücken. Bezeichnet man dieses letztere mit a, so kann man auch Profilfläche, benetzten Umfang und Profilradius als Function von a ausdrücken und schreiben:

$$F = \alpha_1 a^2, \; p = \alpha_2 a, \; \frac{F}{p} = \frac{\alpha_1}{\alpha_2} a = \alpha_0 a = R.$$

Die Coëfficienten α_1, α_2 und α_0 sind dabei Zahlen, welche nur für eine gegebene Profilform Gültigkeit haben, d. h. nur so lange, als die einzelnen Profilmaasse im gleichen Verhältnisse wachsen oder abnehmen. Der hydraulische Radius R wird daher für diese Profilform um so grösser, je grösser a wird; er ist also von der Grösse des Profils abhängig und steigt und fällt mit dieser. Da er aber an die Dimension gebunden ist, so bietet er kein Mittel zur Vergleichung zweier verschiedener Profile. Nehmen wir z. B. den Kreis und den Halbkreis, so ist der Radius r die einzige Dimension, auf welche F, p und R bezogen werden können, so dass

$$F = \alpha_1 r^2, \; p = \alpha_2 r, \; \frac{F}{p} = R = \alpha_0 r \text{ wird;}$$

die Coëfficienten werden für den Kreis

$$\alpha_1 = \pi, \; \alpha_2 = 2\pi, \; \alpha_0 = \frac{1}{2},$$

für den Halbkreis

$$\alpha_1 = \frac{\pi}{2}, \; \alpha_2 = \pi, \; \alpha_0 = \frac{1}{2}.$$

Der Profilradius R wird also in beiden Fällen $= \frac{r}{2}$.

Es wäre nun ganz falsch, wenn wir sagen wollten: da der Profilradius für beide Profile der gleiche ist, so sind dieselben gleich günstig; denn es ist ja die Profilfläche des ersteren doppelt so gross, als die des letzteren; vergleichbar werden die Profilradien nur dadurch, dass wir sie unter der Voraussetzung **gleicher** Profilflächen ausdrücken.

Um uns also eine Vergleichung verschiedener Profile bezüglich ihrer Günstigkeit zu ermöglichen, müssen wir uns noch eine Beziehung zwischen Profilfläche und Profilradius herstellen. Wir schreiben dieselbe

$$\frac{f}{4} F = R^2.$$

Denn da die Fläche F zweiten Grades ist, so muss dieselbe auch zur zweiten Potenz von R ins Verhältniss gesetzt werden; $\frac{f}{4}$ ist dann der die Beziehung herstellende Zahlencoëfficient. Wie man aus dieser Gleichung ersieht, ist dieselbe nun nicht mehr an eine Profildimension gebunden, sondern vollständig unabhängig davon. Ferner erkennt man, dass bei gleicher Profilfläche das R um so grösser wird, je grösser der Coëfficient $\frac{f}{4}$ ist; oder umgekehrt ist der Coëfficient f um so grösser, je grösser das R ist, d. h. je günstiger das Profil ist. Der Coëfficient gibt uns also ein Maass für die Beurtheilung der Profilform und wir heissen ihn deshalb auch den **Formcoëfficienten**. Da derselbe für jedes Profil eine absolute Zahl ist, so bietet er ein bequemes Mittel zur Vergleichung verschiedener Profile unter sich bezüglich ihrer Güte.

Während also die frühere Beziehung $R = \alpha_0 a$ nur einen relativen Vergleich verschiedener Profile von gleichem a gestattet, ermöglicht uns die neue Beziehung einen absoluten Vergleich zwischen allen möglichen Profilen. Immerhin aber haben wir auch erstere noch nöthig zum Uebergang vom Profilradius auf die Profildimension; sie leitet uns aus dem R das Maass jener Dimension ab, weshalb wir ihren Coëfficienten $\alpha_0 = \frac{2}{m}$[1]) setzen und m den **Maasscoëfficienten** nennen wollen.

Nach diesen Gesichtspunkten werden wir nun im Folgenden die gebräuchlicheren Profilformen einer Betrachtung unterziehen und ihre Güte durch Berechnung genannter Coëfficienten feststellen.

a) Offene Kanäle.

Für offene Kanäle stehen hauptsächlich zwei Profilformen im Gebrauche, nämlich das Trapez- und das Kreissohlenprofil.

1. Das Trapezprofil.

Je nach der Standfestigkeit des Bodens, in welchem der Kanal ausgeführt wird, erhalten die Böschungen des Profils grössere oder geringere Neigung, und man gibt diese Neigung durch die Cotangente des Neigungswinkels α der Böschung gegen den Horizont an. Zu der durch diesen Winkel bedingten Variation der Profilform des Trapezes kommt dann noch diejenige, welche sich aus der Wahl der Breite und Tiefe des Profils ergibt. Um nun alle hiernach möglichen Trapezprofile berücksichtigen zu können, führen wir in die Rechnung das Verhältniss der Tiefe t zur Sohlenbreite b_1 ein, beziehen also die Tiefe auf die Sohlenbreite und bezeichnen dieses Verhältniss mit $\mu = \frac{t}{b_1}$. Für diese in nebenstehender Fig. 1 eingeschriebenen Bezeichnungen ergibt sich sodann die Profilfläche F und der benetzte Umfang p, wie folgt:

$$F = (b_1 + t \operatorname{cotg} \alpha)\, t = (1 + \mu \operatorname{cotg} \alpha) \frac{t^2}{\mu},$$

$$p = b_1 + \frac{2t}{\sin \alpha} = \left(1 + \frac{2\mu}{\sin \alpha}\right) \frac{t}{\mu},$$

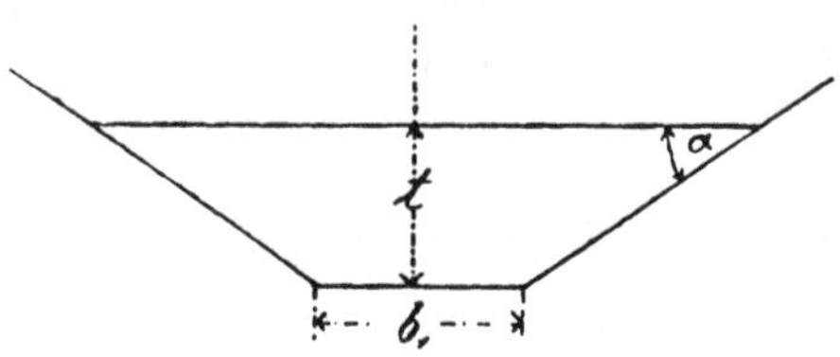

Fig. 1.

folglich wird

$$R = \frac{F}{p} = \frac{(1 + \mu \operatorname{cotg} \alpha)\, t}{1 + \frac{2\mu}{\sin \alpha}}.$$

Aus der Gleichheit $F = pR = \frac{4}{f} R^2$ ergibt sich aber der Formcoëfficient

$$f = \frac{4R}{p} = \frac{4(1 + \mu \operatorname{cotg} \alpha)\, \mu}{\left(1 + \frac{2\mu}{\sin \alpha}\right)^2}.$$

---

[1]) $\frac{2}{m}$ wird gesetzt, damit, wie aus dem Späteren hervorgeht, für das Kreisprofil und Kreissohlenprofil ($\mu = 1$) der Coëfficient $m = 1$ wird; analog ist in der Gleichung des Formcoëfficienten $\frac{4}{f}$ gesetzt.

Den Maasscoëfficienten m knüpfen wir am besten an die Sohlenbreite b_1 und schreiben $b_1 = \frac{2}{m} R$, woraus

$$m = \frac{2R}{b_1} = \frac{2(1 + \mu \operatorname{cotg} \alpha)\mu}{1 + \frac{2\mu}{\sin \alpha}}.$$

Einen speciellen Fall des Trapezes bildet das **Rechteck**, welches erhalten wird, wenn $\operatorname{cotg} \alpha = 0$ wird; hierfür ist

$$f = \frac{4\mu}{(1 + 2\mu)^2} \text{ und } m = \frac{2\mu}{1 + 2\mu}.$$

Nach den vorstehend entwickelten Gleichungen wurden nun für verschiedene Verhältnisse μ von 0 bis 2 und für die verschiedenen Böschungswinkel die Coëfficienten gerechnet und in der folgenden Tabelle zusammengestellt. (Sie wurden mit vier Decimalstellen angegeben, für die Rechnung genügen jedoch drei vollständig).

Tabelle I.

	$\mu =$	0,01	0,05	0,10	0,25	0,50	0,75	1,00	1,25	1,50	2,00	μ_0
$\operatorname{cotg} \alpha = 0$	$f =$	0,0384	0,1653	0,2778	0,4445	0,5000	0,4800	0,4445	0,4082	0,3750	0,3200	0,5000
$\mu_0 = 0{,}500$	$m =$	0,0196	0,0909	0,1667	0,3333	0,5000	0,6000	0,6667	0,7143	0,7500	0,8000	0,5000
$\operatorname{cotg} \alpha = 0{,}5$	$f =$	0,0385	0,1658	0,2805	0,4629	0,5573	0,5756	0,5729	0,5641	0,5539	0,5343	0,5760
$\mu_0 = 0{,}809$	$m =$	0,0197	0,0922	0,1716	0,3608	0,5902	0,7705	0,9270	1,0704	1,2057	1,4620	0,8090
$\operatorname{cotg} \alpha = 1{,}0$	$f =$	0,0382	0,1832	0,2674	0,4240	0,5146	0,5389	0,5458	0,5469	0,5458	0,5416	0,5469
$\mu_0 = 1{,}2071$	$m =$	0,0196	0,0981	0,1715	0,3640	0,6213	0,8410	1,0448	1,2402	1,4306	1,8026	1,2071
$\operatorname{cotg} \alpha = 1{,}5$	$f =$	0,0378	0,1543	0,2485	0,3803	0,4455	0,4646	0,4714	0,4740	0,4748	0,4746	0,4749
$\mu_0 = 1{,}6513$	$m =$	0,0196	0,0911	0,1690	0,3616	0,6244	0,8605	1,0856	1,3052	1,5214	1,9485	1,6513
$\operatorname{cotg} \alpha = 2{,}0$	$f =$	0,0374	0,1469	0,2292	0,3344	0,3820	0,3956	0,4007	0,4029	0,4039	0,4045	0,4046
$\mu_0 = 2{,}1177$	$m =$	0,0195	0,0899	0,1658	0,3541	0,6180	0,8612	1,0965	1,3277	1,5568	2,0112	2,1177
$\operatorname{cotg} \alpha = 3{,}0$	$f =$	0,0364	0,1328	0,1951	0,2627	0,2886	0,2956	0,2982	0,2994	0,3001	0,3006	0,3008
$\mu_0 = 3{,}0807$	$m =$	0,0194	0,0874	0,1593	0,3390	0,6006	0,8488	1,0922	1,3334	1,5734	2,0514	3,0807

Zur besseren Uebersicht wurden diese Coëfficienten auf Taf. I graphisch aufgetragen, woraus ersichtlich ist, dass die Formcoëfficienten f mit zunehmendem μ wachsen, und zwar anfangs sehr rasch und dann langsamer, bis zu einer gewissen Höhe, wo sie ihr Maximum erreichen, um von da wieder abzunehmen. Man erkennt also hieraus sofort, bei welchem μ, d. h. bei welcher Füllungshöhe die Profilform bei gegebener Sohlenbreite am günstigsten wirkt. Dieses günstigste Verhältniss zwischen Tiefe und Sohlenbreite ist in obiger Tabelle in der ersten Spalte unter μ_0 eingetragen, die zugehörigen Coëfficienten in der letzten Spalte.

Aus der Vergleichung der einzelnen f-Curven unter sich ergibt sich ferner, dass im Allgemeinen die Formcoëfficienten um so grösser sind und ihr Maximum um so früher erreichen, je steiler die Böschung ist. Den grössten Werth von f zeigt jedoch nicht das rechteckige Profil, sondern das ½malig geböschte ($\operatorname{cotg} \alpha = 0{,}5$). Bei ersterem erreicht die f-Curve bereits bei $\mu = 0{,}5$ ihr Maximum, biegt sich dann rasch um und nimmt schnell wieder ab. Dieses rasche Abnehmen verschwindet um so mehr, je flacher die Böschungen werden, und man bemerkt, dass bei den flacheren Böschungen ($\cotg \alpha > 1$) etwa von $\mu = 1$ an die Coëfficienten f nur ganz langsam und unerheblich mehr wachsen bis zur Erreichung ihres Maximums und dann ebenso wieder abnehmen. Daraus geht aber hervor, dass es bei diesen Profilen zur Erzielung eines günstigen Profiles nicht nöthig ist, bis zu dem Verhältniss μ_0 des absoluten Maximums von f zu gehen, sondern dass man schon bei einem $\mu =$ oder > 1 eine Profilform erhält, welche der günstigsten an Güte nicht viel nachsteht. Wenn es also wünschenswerth ist, die Tiefe des Profils nicht zu gross zu bekommen, so genügt es, die Tiefe gleich der Sohlenbreite zu nehmen, um eine günstige Profilform zu erhalten. Das Verhältniss μ_0, bei welchem das absolute Maximum von f stattfindet, wird durch Rechnung in folgender Weise gefunden:

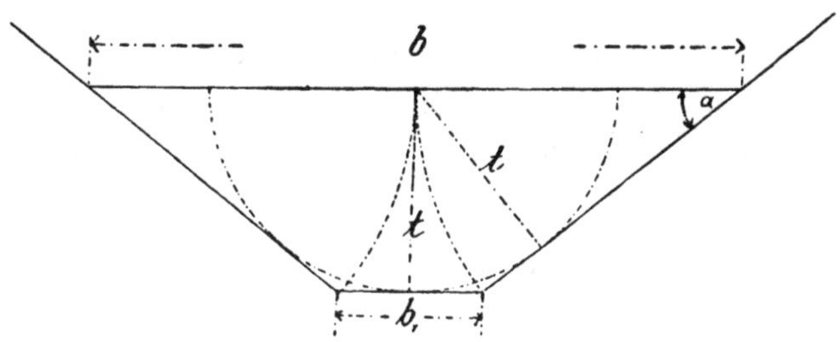

Fig. 2.

Wir bilden aus den beiden Gleichungen

$$F = (b_1 + t \cotg \alpha)\, t \quad \text{und} \quad p = b_1 + \frac{2t}{\sin \alpha}$$

eine Function $\mathfrak{f} = p + \lambda \Phi$, worin $\Phi = (b_1 + t \cotg \alpha)\, t - F = 0$ ist, und machen durch partielle Differentiation derselben nach Lagrange das p zu einem Minimum.

Hiernach wird

$$\frac{d\mathfrak{f}}{db_1} = 1 + \lambda t = 0$$

$$\frac{d\mathfrak{f}}{dt} = \frac{2}{\sin \alpha} + \lambda (b_1 + 2t \cotg \alpha) = 0$$

$$\frac{2}{\sin \alpha} = \frac{b_1 + 2t \cotg \alpha}{t}$$

$$\text{oder} \quad \frac{2t}{\sin \alpha} = b_1 + 2t \cotg \alpha$$

$$b_1 = \frac{2t}{\sin \alpha}(1 - \cos \alpha) = 2t \operatorname{tg} \frac{\alpha}{2}$$

$$\text{oder} \quad \mu_0 = \frac{\sin \alpha}{2(1 - \cos \alpha)} = \frac{1}{2} \cotg \frac{\alpha}{2}.$$

Wie man sich aber aus der Fig. 2 überzeugen kann, gibt

$$b_1 + 2t \cotg \alpha = b,$$

wenn b die Wasserspiegelbreite; es ist also auch $\frac{2t}{\sin \alpha} = b$ die Bedingung für das günstigste Trapezprofil. Diese gibt zugleich die Anweisung für die Construction desselben; da $\frac{t}{\sin \alpha}$ die Länge der Böschung vorstellt, so spricht die Gleichung die Bedingung aus: die Länge der Böschung muss gleich der halben Wasserspiegelbreite sein. Sie spricht aber auch aus, dass die von der Mitte des Wasserspiegels auf die Böschung gefällte Senkrechte die Länge t haben muss, dass somit der dem Trapez einbeschriebene Kreis seinen Mittelpunkt im Wasserspiegel haben muss, damit das Profil ein günstigstes wird.

Setzt man obigen Werth μ_0 in die Gleichungen des Form- und Maasscoëfficienten ein, so reduciren sich dieselben auf

$$f_0 = \frac{\sin\alpha}{2 - \cos\alpha},$$

$$m_0 = \frac{\sin\alpha}{2(1 - \cos\alpha)} = \mu_0$$

d. h. man erhält für die einzelnen Böschungswinkel den günstigsten Füllungsgrad (μ_0), wenn derselbe gleich dem Maasscoëfficienten wird. Zieht man deshalb in Taf. I durch den Nullpunkt eine unter 45° geneigte Linie, so ergeben sich in den Schnittpunkten derselben mit den einzelnen m-Curven die günstigsten Füllhöhen.

Wenn man weiter obigen Werth von $b_1 = \frac{2t}{\sin\alpha}(1 - \cos\alpha)$ in die Gleichungen für F, p und R einsetzt, so wird

$$F = t^2 \cdot \frac{2 - \cos\alpha}{\sin\alpha} \text{ und } t = \sqrt{\frac{F\sin\alpha}{2 - \cos\alpha}} = \sqrt{Ff_0}$$

$$p = 2t \cdot \frac{2 - \cos\alpha}{\sin\alpha}$$

$$\frac{F}{p} = R = \frac{t}{2},$$

d. h. der Profilradius R des günstigsten Trapezprofils ist unabhängig vom Böschungswinkel und für alle Böschungen gleich der halben Tiefe.

Bezüglich der Maasscoëfficienten m ist noch zu bemerken, dass dieselben mit zunehmendem μ wachsen, dass die Curven derselben sich um so mehr einer Geraden nähern, je flacher die Böschungen sind und sich daher für Werthe von μ unter 1, wo sich die Coëfficientenwerthe wenig unterscheiden, mehrfach überschneiden.

Wie schon früher bemerkt, repräsentiren die m-Curven zugleich auch die R und zeigen also auch das Zunehmen der Profilradien mit wachsendem μ.

Nach dem Vorhergehenden können also für irgend eine Profilform (gegeben durch das Böschungsverhältniss und das Verhältniss μ) die Coëfficienten f und m den Tabellen entnommen und nach ersterem die Güte des Profils beurtheilt werden. Andererseits kann aber auch aus den Tabellen ersehen werden, wie in einem Profil von gegebener Sohlenbreite und gegebenem Böschungsverhältniss bei allmählich ansteigendem Wasserspiegel die Güte des Profils zu- und abnimmt, was z. B. bei der Construction der Wassermengen-Curve von Werth sein wird.

Die vorstehende Ableitung der Form- und Maasscoëfficienten wäre wohl derjenigen beim folgenden Kreissohlenprofil entsprechender geworden, wenn wir die Tiefe t statt zur Sohlenbreite b_1 zum Radius r des dem Trapeze einbeschriebenen Kreises ins Verhältniss gesetzt hätten. Es hätte sich dann als Bedingung für das günstigste Profil, ebenso wie dort, dieses Verhältniss $\frac{t}{r} = 1$ ergeben, oder $t = r$, was den schon oben bewiesenen Satz ausdrückt, dass die Tiefe gleich dem Radius des dem Trapeze einbeschriebenen Kreises werden muss.

Der Formcoëfficient f_0 würde dabei denselben Werth $f_0 = \frac{\sin\alpha}{2-\cos\alpha}$ erhalten haben; dagegen hätte der Maasscoëfficient, der nun ebenfalls statt auf b_1 auf r bezogen worden wäre $\left(r = \frac{2}{m} R\right)$, ebenso wie beim Kreissohlenprofil, den Werth $m_0 = 1$ angenommen.

Es erschien jedoch für den Gebrauch in der Praxis zweckmässiger, auf obige Analogie zu verzichten und das Verhältniss der Tiefe zur Sohlenbreite einzuführen.

2. Das Kreissohlenprofil.

Dasselbe ist in seiner allgemeinen Form gebildet aus einer kreisförmigen Sohle mit beiderseits anschliessenden tangentialen Böschungen. Das Böschungsverhältniss richtet sich auch hier, wie bei der Trapezform nach der Standfestigkeit des Bodens. Dieses, ebenso wie die Grösse des Kreissohlenradius und der Tiefe, lassen wiederum eine grosse Reihe von Variationen zu, welche die Profilform sehr verschiedenartig gestalten können.

Um diese Variationen wieder zusammenfassen zu können, führen wir das Verhältniss der Tiefe t (in der Mitte) zum Sohlenradius r mit $\mu = \frac{t}{r}$ ein, während die Böschungen wieder durch die Cotangenten ihrer Neigungswinkel α ausgedrückt werden.

Als Hauptdimension, auf welche wir die übrigen Dimensionen, sowie den Maasscoëfficienten m beziehen, wählen wir am besten den Sohlenradius r, so dass die Gleichung für m lautet $r = \frac{2}{m} R$; die Gleichung für den Formcoëfficienten f dagegen bleibt durchaus die nämliche $F = \frac{4}{f} R^2$.

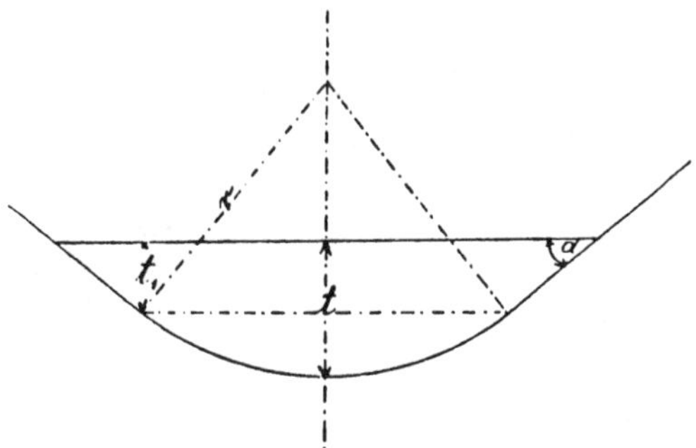

Fig. 3.

Für die nebenstehende Fig. 3 erhalten wir nun:

$$t_1 = t - r(1-\cos\alpha) = (\mu - 1 + \cos\alpha)\, r$$

$$F = \left(\frac{\pi\alpha}{180} - \sin\alpha\cos\alpha\right) r^2 + (2r\sin\alpha + t_1 \operatorname{cotg}\alpha)\, t_1$$

$$= \left[\left(\frac{\pi\alpha}{180} - \sin\alpha\cos\alpha\right) + (\mu - 1 + \cos\alpha)\left(2\sin\alpha + \operatorname{cotg}\alpha\,(\mu - 1 + \cos\alpha)\right)\right] r^2$$

$$p = \frac{r\pi\alpha}{90} + \frac{2t_1}{\sin\alpha} = \left[\frac{\pi\alpha}{90} + \frac{2}{\sin\alpha}(\mu - 1 + \cos\alpha)\right] r$$

$$R = \frac{F}{p} = \frac{\left[\left(\frac{\pi\alpha}{180} - \sin\alpha\cos\alpha\right) + (\mu - 1 + \cos\alpha)\left(2\sin\alpha + \operatorname{cotg}\alpha\,(\mu - 1 + \cos\alpha)\right)\right] r}{\frac{\pi\alpha}{90} + \frac{2}{\sin\alpha}(\mu - 1 + \cos\alpha)}$$

Aus $F = pR = \frac{4}{f} R^2$ ergibt sich endlich:

$$f = \frac{4R}{p} = \frac{\left(\frac{\pi\alpha}{180} - \sin\alpha\cos\alpha\right) + (\mu - 1 + \cos\alpha)\left(2\sin\alpha + \operatorname{cotg}\alpha\,(\mu - 1 + \cos\alpha)\right)}{\left[\frac{\pi\alpha}{180} + \frac{1}{\sin\alpha}(\mu - 1 + \cos\alpha)\right]^2}.$$

$$m = \frac{2R}{r} = \frac{\left(\frac{\pi\alpha}{180} - \sin\alpha\cos\alpha\right) + (\mu - 1 + \cos\alpha)\,(2\sin\alpha + \operatorname{cotg}\alpha\,(\mu - 1 + \cos\alpha))}{\frac{\pi\alpha}{180} + \frac{1}{\sin\alpha}(\mu - 1 + \cos\alpha)}$$

Ein specieller Fall des allgemeinen Kreissohlenprofils ist zunächst der Kreisabschnitt, welcher entsteht, wenn das darüber liegende Trapez verschwindet und die Tiefe $t_1 = 0$ wird. Für diesen wird

$$t = r(1 - \cos\alpha) \text{ und } \mu = 1 - \cos\alpha, \text{ folglich } \mu - 1 + \cos\alpha = 0,$$

in Folge dessen

$$f = \frac{\frac{\pi\alpha}{180} - \sin\alpha\cos\alpha}{\left(\frac{\pi\alpha}{180}\right)^2}$$

$$m = \frac{\frac{\pi\alpha}{180} - \sin\alpha\cos\alpha}{\frac{\pi\alpha}{180}}$$

Ein anderer specieller Fall ergibt sich, wenn man den Wasserspiegel bis in den Mittelpunkt des Sohlkreises steigen lässt. In diesem Falle wird $t = r$ und $\mu = 1$, somit

$$f = \frac{1}{\frac{\pi\alpha}{180} + \operatorname{cotg}\alpha}$$

$$m = 1.$$

Endlich erhält man aus diesem wiederum einen speciellen Fall, wenn man den Böschungswinkel $\alpha = 90^0$ oder $\operatorname{cotg}\alpha = 0$ werden, das Profil somit in den Halbkreis übergehen lässt.

Für diesen wird

$$f = \frac{2}{\pi} = 0{,}637$$

$$m = 1.$$

Die nach vorstehenden Gleichungen gerechneten Coëfficienten sind in der folgenden Tabelle II zusammengestellt und auf Taf. II graphisch aufgetragen.

Aus diesen Zusammenstellungen ist wieder zu ersehen, dass die Formcoëfficienten ähnlich wie beim Trapezprofil mit zunehmendem μ (für Werthe von μ zwischen 0 und 1) wachsen. Die sämmtlichen Coëfficientencurven werden hier aber von einer einzigen umhüllt, nämlich der des Halbkreises, welche unter allen die grössten Werthe von f aufweist, folglich auch der günstigsten Profilform entspricht. Von dieser zweigen die den verschiedenen Böschungswinkeln entsprechenden Curven in der Höhe der Tangirungspunkte ab, nehmen von da einen selbständigen Verlauf und erreichen sämmtlich für $\mu = 1$ ihr Maximum; woraus also folgt, dass, welches auch der Böschungswinkel sein mag, das Profil am günstigsten wird, wenn die Wasserspiegellinie durch den Kreismittelpunkt geht, ein Satz, der unten noch ausführlich bewiesen werden soll. Die graphische

Tabelle II.

cotg α	$\mu =$	0,0513	0,1	0,1056	0,125	0,1666	0,168	0,20	0,25	0,2929	0,333	0,500	0,5528	0,75	1,00
0	$f =$	0,2097	0,2887	0,2959	0,3201	0,3645	0,3658	0,3948	0,4317	0,4627	0,4865	0,5601	0,5769	0,6193	0,6366
	$m =$	0,0675	0,1302	0,1372	0,1618	0,2135	0,2151	0,2541	0,3120	0,3634	0,4092	0,5865	0,6387	0,8164	1,0000
0,5	$f =$	0,2097	0,2887	0,2959	0,3201	0,3645	0,3658	0,3948	0,4317	0,4627	0,4865	0,5601	0,5769	0,6124	0,6222
	$m =$	0,0675	0,1302	0,1372	0,1618	0,2135	0,2151	0,2541	0,3120	0,3634	0,4092	0,5865	0,6387	0,8130	1,0000
1,0	$f =$	0,2097	0,2887	0,2959	0,3201	0,3645	0,3658	0,3948	0,4317	0,4627	0,4849	0,5342	Segment	0,5564	0,5601
	$m =$	0,0675	0,1302	0,1372	0,1618	0,2135	0,2151	0,2541	0,3120	0,3634	0,4086	0,5761		0,7967	1,0000
1,5	$f =$	0,2097	0,2887	0,2959	0,3201	0,3645	0,3658	0,3922	0,4202	Segment	0,4469	0,4689		0,4776	0,4790
	$m =$	0,0675	0,1302	0,1372	0,1618	0,2135	0,2151	0,2533	0,3092		0,3961	0,5564		0,7820	1,0000
2,0	$f =$	0,2097	0,2887	0,2959	0,3179	0,3489	Segment	0,3644	0,3790		0,3920	0,4018		0,4054	0,4059
	$m =$	0,0675	0,1302	0,1372	0,1612	0,2094		0,2458	0,2981		0,3814	0,5407		0,7721	1,0000
3,0	$f =$	0,2097	0,2634	Segment	0,2749	0,2856		0,2903	0,2945		0,2979	0,3002		0,3009	0,3010
	$m =$	0,0675	0,1253		0,1525	0,1960		0,2299	0,2798		0,3615	0,5225		0,7617	1,0000

Darstellung zeigt ferner, dass das Profil um so günstiger wird, je grösser der Böschungswinkel genommen wird, je weiter also das Profil vom Kreis umschlossen wird, und dass endlich die günstigste Profilform durch den H a l b k r e i s erreicht wird, für welchen der Formcoëfficient auf seinen g r ö s s t e n ü b e r h a u p t e r r e i c h b a r e n Werth $f = 0{,}637$ steigt.

Um den obigen Satz über das günstigste Kreissohlenprofil zu beweisen, verfahren wir ebenso wie beim Trapezprofil; wir machen den benetzten Umfang p durch partielle Differentiation der Function $\mathfrak{f} = p + \lambda\, \Phi$ zu einem Minimum und erhalten:

$$F = \left(\frac{\pi\alpha}{180} - \sin\alpha\cos\alpha\right) r^2 + (2 r \sin\alpha + t_1 \operatorname{cotg}\alpha)\, t_1$$

$$p = \frac{r\pi\alpha}{90} + \frac{2 t_1}{\sin\alpha}$$

$$\frac{d\mathfrak{f}}{dr} = \frac{\pi\alpha}{90} + \lambda\left(\frac{r\pi\alpha}{90} - 2 r \sin\alpha\cos\alpha + 2 t_1 \sin\alpha\right) = 0$$

$$\frac{d\mathfrak{f}}{d t_1} = \frac{2}{\sin\alpha} + \lambda\,(2 r \sin\alpha + 2 t_1 \operatorname{cotg}\alpha) = 0$$

$$\frac{\pi\alpha\sin\alpha}{180} = \frac{\frac{r\pi\alpha}{90} - 2 r \sin\alpha\cos\alpha + 2 t_1 \sin\alpha}{2 r \sin\alpha + 2 t_1 \operatorname{cotg}\alpha}$$

Hieraus ergibt sich als Bedingung für das Minimum von p:

$$r\cos\alpha = t_1 \text{ oder da } t_1 = (\mu - 1 + \cos\alpha)\, r \text{ ist,}$$

$$\mu = \frac{t}{r} = 1 \text{ oder } t = r.$$

Diese Gleichung drückt aber aus, dass der Mittelpunkt des Sohlkreises im Wasserspiegel gelegen sein muss, damit das Profil ein günstigstes wird.

Betrachtet man ferner die Curven der Maasscoëfficienten m, so ersieht man, dass dieselben mit μ wachsen und für $\mu = 1$ sämmtlich auf den Werth $m = 1$ zusammenlaufen. Dass dem so sein muss, geht hervor, wenn man den oben erhaltenen Werth für $t_1 = r \cos\alpha$, welcher die Bedingung für das günstigste Profil ausdrückt, in die Gleichung von R einsetzt; man ersieht, dass

$$R = \frac{F}{p} = \frac{r^2\left(\frac{\pi\alpha}{180} + \operatorname{cotg}\alpha\right)}{2r\left(\frac{\pi\alpha}{180} + \operatorname{cotg}\alpha\right)} = \frac{r}{2} \text{ wird,}$$

dass somit der hydraulische Radius R für $\mu = 1$ unabhängig vom Böschungswinkel wird und für sämmtliche Böschungswinkel den Werth $R = \frac{r}{2}$ annimmt; setzt man diesen Werth in die Gleichung für den Maasscoëfficienten, so erhält man für diesen

$$m = \frac{2}{r} R = 1.$$

Der oben behandelte zweite specielle Fall entpricht also gleichzeitig dem günstigsten Kreissohlenprofil.

Vergleicht man schliesslich noch die Formcoëfficienten des günstigsten Kreissohlenprofils mit denjenigen des günstigsten Trapezprofils, so bemerkt man, dass die ersteren bei gleichen Böschungswinkeln durchgängig grösser sind, als die letzteren; dass aber die Differenzen um so kleiner werden, je flacher die Böschungen werden, je kleiner also die zwischen dem eingeschriebenen Kreis und dem Polygon des Trapezes eingeschlossenen Flächen sind, um welche das Trapezprofil grösser ist, als das Kreissohlenprofil.

b) Gedeckte Kanäle.

Die gedeckten Kanäle werden meist, wenn in lockerem Boden ausgeführt, ganz in Mauerwerk hergestellt oder erhalten, wenn in Felsen ausgesprengt, eine Verkleidung aus Mauerwerk; seltener bleiben die Wände der letzteren ganz rauh. Sehr häufig aber, hauptsächlich bei kleineren Dimensionen, werden dieselben auch in gebranntem Thon, Cement oder Eisen hergestellt und heissen dann Rohrkanäle.

Die Formen, welche man den Querprofilen solcher Kanäle gibt, sind daher nicht mehr in dem Maasse, wie bei den offenen Kanälen durch die Angreifbarkeit der Wände bedingt; ebenso ist auch die Geschwindigkeit, welche das Wasser in diesen erreichen darf, nicht mehr in den Grenzen, wie bei jenen gehalten.

Es ist deshalb für die Form des Querprofils bei diesen Kanälen mehr der Zweck derselben maassgebend, sowie die disponible Höhe und sonstige Verhältnisse; hauptsächlich aber auch die Rücksicht auf die Erreichung möglichst grosser Leitungsfähigkeit, d. h. eines möglichst grossen Formcoëfficienten. Deshalb treten bei diesen Kanälen auch mehr runde Formen, Kreise oder aus Kreisbögen gebildete Profile, seltener eckige, auf. Das einzige, bei bedeckten Kanälen vorkommende, aus geraden Linien gebildete Profil ist das aufgestellte Rechteck.

1. Das Rechteck.

Soferne das rechteckige Profil nicht bis an die Decke gefüllt ist, gelten für dasselbe die bei den offenen Kanälen unter a) 1. für $\alpha = 90^\circ$ oder cotg $\alpha = 0$ gerechneten Coëfficienten, wobei μ das Verhältniss der Tiefe zur Sohlenbreite ausdrückt und der Maasscoëfficient m an die Sohlenbreite $b_1 = \frac{2}{m} R$ geknüpft ist. Jene Coëfficienten gelten aber nicht mehr, sobald der Wasserspiegel die Decke erreicht und diese eine weitere Verzögerung der Wasserbewegung bewirkt.

Unter Beibehaltung aller dort eingeführten Bezeichnungen wird nun für das vom Wasser vollständig gefüllte Rechteck von der Breite b und der Tiefe t:

$$\mu = \frac{t}{b}$$

$$F = b\,t = \frac{t^2}{\mu}$$

$$p = 2(b+t) = \frac{2t}{\mu}(1+\mu)$$

$$\frac{F}{p} = \frac{t^2}{\mu} \cdot \frac{\mu}{2t(1+\mu)} = \frac{t}{2(1+\mu)}$$

$$F = pR = \frac{4}{f} R^2$$

$$f = \frac{4R}{p} = \frac{4t}{2(1+\mu)} \cdot \frac{\mu}{2t(1+\mu)} = \frac{\mu}{(1+\mu)^2}$$

$$m = \frac{2R}{b} = \frac{2R\mu}{t} = \frac{\mu}{1+\mu}.$$

Hiernach berechnen sich für die verschiedenen Werthe von μ die folgenden Coëfficienten:

Tabelle IIa.

cotg α	$\mu =$	0,01	0,05	0,10	0,25	0,50	0,75	1,00	1,25	1,50	2,00
0	$f =$	0,0098	0,0453	0,0826	0,1600	0,2222	0,2449	0,2500	0,2469	0,2400	0,2222
	$m =$	0,0099	0,0476	0,0909	0,2000	0,3333	0,4286	0,5000	0,5555	0,6000	0,6667

Zur Vereinfachung und leichteren Vergleichbarkeit sind die vorstehenden Coëfficienten in die graphische Tabelle der offenen Trapezprofile (Taf. I) mit aufgenommen und durch die gestrichelten Curven dargestellt worden. Wie erklärlich sind dieselben bei weitem kleiner, als diejenigen für das offene Rechteck. Die f-Curve steigt viel langsamer an, als beim letzteren und erreicht erst bei $\mu = 1$ ihr Maximum mit $f = 0{,}25$; $\mu = 1$ entspricht aber dem quadratischen Profil. Es bildet also in diesem Falle, dass das Rechteck bis zur Decke gefüllt ist, das Quadrat das günstigste Profil unter allen Rechtecken, während beim offenen Rechteck das halbe Quadrat ($\mu = 0{,}5$) sich am günstigsten zeigte mit einem Maximalwerth von $f = 0{,}50$ (gleich dem Doppelten des obigen Maximalwerthes). Es folgt hieraus, dass das gedeckte Quadrat bei gleichem Flächeninhalt mit dem halben offenen Quadrate nur halb so günstig ist, als dieses.

2. Kreisprofil.

Bei diesem Profil, ebenso wie bei den folgenden, ist die Profilform nicht mehr veränderlich, wie bei den offenen Profilen angenommen, sondern die verschiedenen Dimensionen bzw. Radien bleiben immer im selben Verhältniss zu einander, ändern also ihre Grössen nur proportional. Wir erhalten deshalb für die Form- und Maasscoëfficienten immer nur eine Reihe von Werthen und eine Curve. Wenn auch diese beiden Coëfficientenreihen für die meisten Fälle der Berechnungen vollständig ausreichten, so erschien es doch zweckmässig, auch noch die weiteren Coëfficienten, welche die Berechnung jener erforderlich machte, in der Tabelle mit aufzuführen, da dieselben bei Berechnungen mit theilweiser Füllung, welche bei diesen Profilen öfter vorkommen, gute Dienste leisten werden. Für den Kreis werden selbstverständlich alle Coëfficienten auf den Radius r bezogen; deren Gleichungen sind die folgenden:

$$F = \alpha_1 r^2, \quad p = \alpha_2 r, \quad \sqrt{\frac{F}{p}} = \alpha_3 \sqrt{r}, \quad F\sqrt{\frac{F}{p}} = \alpha_4 \sqrt{r^5}.$$

Die zwei Hauptcoëfficienten behalten wieder wie früher ihre Bezeichnungen und ihre Gleichungen:

$$F = \frac{4}{f} R^2 \text{ und } r = \frac{2}{m} R \left(\text{oder } R = \frac{F}{p} = \frac{m}{2} r\right).$$

Durch directe Berechnungen wurden für diese Coëfficienten die folgenden Werthe gefunden:

Tabelle III.

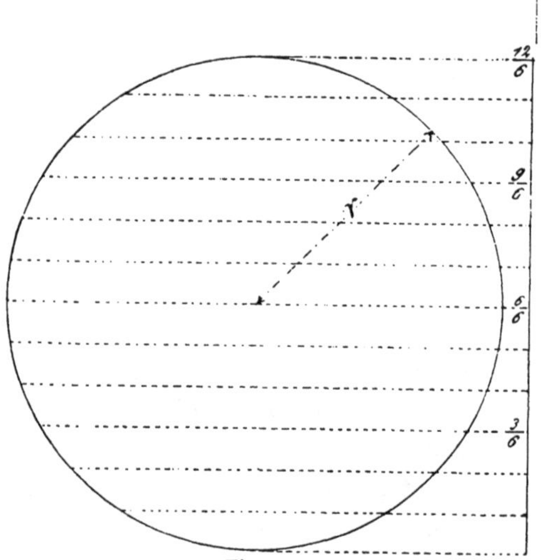

Fig. 4.

$F = \alpha_1 r^2$	$p = \alpha_2 r$	$\sqrt{R} = \alpha_3 \sqrt{r}$	$F\sqrt{R} = \alpha_4 \sqrt{r^5}$	$4R^2 = fF$	$2R = mr$
α_1	α_2	α_3	α_4	f	m
3,142	6,283	0,707	2,221	0,318	1,000
3,017	5,113	0,768	2,318	0,462	1,180
2,798	4,603	0,780	2,182	0,528	1,216
2,528	4,189	0,777	1,964	0,576	1,207
2,226	3,823	0,763	1,699	0,609	1,165
1,903	3,478	0,740	1,408	0,629	1,094
1,571	3,142	0,707	1,111	0,637	1,000
1,239	2,806	0,665	0,823	0,629	0,883
0,916	2,461	0,610	0,559	0,605	0,744
0,614	2,095	0,541	0,332	0,560	0,586
0,344	1,681	0,452	0,156	0,487	0,409
0,125	1,171	0,327	0,041	0,365	0,213
0	0	0	0	0	0

Graphisch aufgetragen sind (auf Taf. III) von diesen Coëfficienten nur die f, m, α_3 und α_4, um nicht zu viele Linien zu erhalten; die letzteren beiden kommen nur in Anwendung, wenn es sich um Vergleiche von Geschwindigkeiten und Wassermengen bei verschiedenen Füllungen desselben Profils handelt.

Aus den Coëfficientencurven ist wiederum ersichtlich, dass die f-Curve von unten ziemlich rasch zunimmt und für die Füllung des Kreises bis zum Mittelpunkt, also für den Halbkreis ihren grössten Werth $f = 0{,}637$ erreicht; weiter aufwärts nimmt der Coëfficient jedoch wieder ab, so dass er für die vollständige Füllung des Kreises nur mehr den halben Werth $f = 0{,}318$ von dem des Halbkreises aufweist.

Die m-Curve und ebenso die α_3-Curve steigen an bis auf 0,811 der ganzen Füllung und gehen bei Erreichung der letzteren auf den bei halber Füllung gehabten Werth zurück. Der Coëfficient m, der zugleich das R repräsentirt, ist also für den Halbkreis und für den Vollkreis der nämliche; dasselbe ist der Fall, mit dem Coëfficienten α_3, welcher die Geschwindigkeit repräsentirt.

Die α_4-Curve (zugleich Wassermengen-Curve) erreicht dagegen ihr Maximum erst bei 0,945 der ganzen Profilhöhe, von welchem sie bis zur vollständigen Füllung nur weniges wieder zurückgeht.

Das Kreisprofil ist das wohl am meisten angewendete Profil; es wird vorzugsweise dann benutzt, wenn es sich um die Leitung nahezu constanter Wassermengen handelt, so dass es stets wenigstens bis zur Hälfte gefüllt ist. Weit häufiger wird es jedoch noch verwendet für ganze Füllung, nämlich bei den Rohrleitungen unter Druck, die ja auch nichts anderes als Kanäle sind, nur mit dem Unterschiede, dass bei ihnen der Wasserspiegel durch die Drucklinie gebildet wird.

3. Eiprofil auf dem spitzen Ende.

Für dieses Profil ist es gebräuchlich, das Verhältniss von Lichtweite zu Lichthöhe wie 2 : 3 zu nehmen und dem Sohlkreis einen Radius gleich der Hälfte des Deckkreisradius zu geben, während letzterer dreifach genommen den Radius der Wangen gibt. Mit dem Radius des Deckkreises r sind also auch die beiden anderen Radien gegeben und wir beziehen deshalb alle Coëfficienten auf diesen.

Die Gleichungen der Coëfficienten bleiben die nämlichen wie beim Kreise; sie ergeben die folgenden Werthe:

Tabelle IV.

$F = \alpha_1 r^2$	$p = \alpha_2 r$	$\sqrt{R} = \alpha_3 \sqrt{r}$	$F\sqrt{R} = \alpha_4 \sqrt{r^5}$	$4R^2 = fF$	$2R = mr$
α_1	α_2	α_3	α_4	f	m
4,594	7,930	0,761	3,497	0,292	1,159
4,367	6,485	0,821	3,583	0,415	1,347
3,980	5,835	0,826	3,287	0,468	1,364
3,518	5,291	0,815	2,869	0,503	1,330
3,023	4,788	0,795	2,402	0,528	1,263
2,525	4,287	0,768	1,938	0,550	1,178
2,037	3,783	0,734	1,495	0,569	1,077
1,570	3,272	0,693	1,088	0,587	0,960
1,136	2,749	0,643	0,730	0,601	0,826
0,745	2,211	0,580	0,432	0,610	0,674
0,413	1,642	0,502	0,207	0,613	0,503
0,154	1,047	0,383	0,059	0,562	0,294
0	0	0	0	0	0

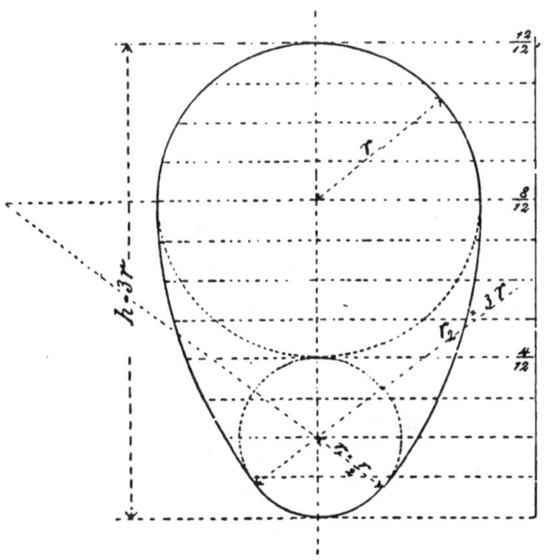

Fig. 5.

Auch die graphischen Auftragungen (Taf. IV) sind analog den vorhergehenden. Recht augenfällig tritt bei Betrachtung der f-Curve die Haupteigenschaft des Profils hervor, nämlich die, dass es für kleine Füllhöhen eine möglichst günstige Form bietet. Denn die f-Curve steigt von Null fast ganz plötzlich auf ihren grössten Werth $f = 0{,}613$ an, welchen sie schon bei 0,19 der Profilhöhe erreicht, um hierauf langsam und zuletzt wieder rascher abzunehmen, so dass bei ganzer Füllung die Güte des Profils unter die Hälfte der maximalen herabgeht.

4. Eiprofil auf dem stumpfen Ende.

Das Profil ist genau das vorhergehende, nur mit dem Unterschiede, dass der Halbkreis vom Radius r nun die Sohle bildet, statt die Decke. Die Dimensionen und Coëfficienten sind wiederum auf diesen Radius r bezogen und ergeben folgende Werthe:

Tabelle V.

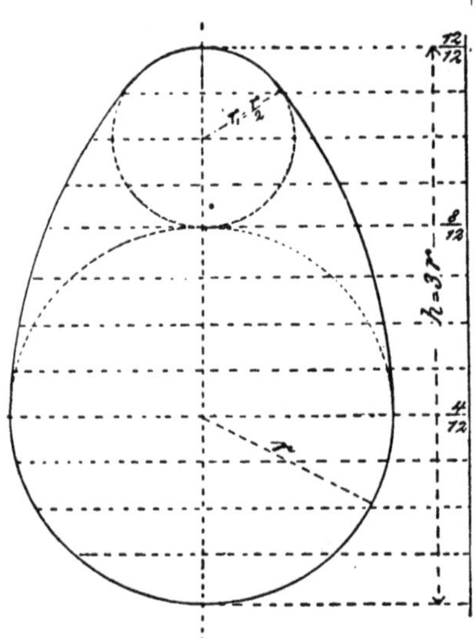

Fig. 6.

$F = \alpha_1 r^2$	$p = \alpha_2 r$	$\sqrt{R} = \alpha_3 \sqrt{r}$	$F\sqrt{R} = \alpha_4 \sqrt{r^5}$	$4R^2 = fF$	$2R = mr$
α_1	α_2	α_3	α_4	f	m
4,594	7,930	0,761	3,497	0,292	1,159
4,440	6,883	0,803	3,566	0,375	1,290
4,181	6,288	0,815	3,409	0,423	1,330
3,849	5,719	0,820	3,158	0,471	1,346
3,458	5,181	0,817	2,825	0,515	1,335
3,024	4,658	0,806	2,436	0,557	1,298
2,557	4,147	0,785	2,008	0,595	1,233
2,069	3,643	0,754	1,559	0,624	1,136
1,571	3,142	0,707	1,111	0,637	1,000
1,076	2 639	0,638	0,687	0,618	0,816
0,614	2,095	0,541	0,332	0,560	0,586
0,227	1,445	0,396	0,090	0,435	0,314
0	0	0	0	0	0

Die f-Curve (Taf. V) zeigt hier einen ganz anderen Verlauf als beim vorhergehenden Profil; die unteren Theile des Profils, welche für kleine Wassermengen in Betracht kommen, sind hier bei weitem nicht mehr so günstig, als bei jenem. Da der untere Theil einen Halbkreis bildet, so wird wohl der höchste Werth von f erreicht, aber erst bei $^1/_3$ Füllung. Deshalb eignet sich dieses Profil auch nicht so gut für Abführung schwankender Wassermengen, sondern wird hauptsächlich angewendet, um in seinem unteren Theil eine mehr gleichbleibende Wassermenge abzuführen, welche wenigstens den Halbkreis beständig füllt oder bis auf halbe Profilhöhe reicht. Es kommt deshalb öfter bei Wasserversorgungen zur Anwendung, während bei den, stärkeren Schwankungen unterworfenen Kanalleitungen städtischer Entwässerungen namentlich das vorhergehende mit Vortheil gebraucht wird.

5. Ellipsenprofil, stehend.

Für das aus Kreisbögen gebildete Ellipsenprofil wurde wiederum als Verhältniss der Lichtweite zur Lichthöhe 2 : 3 gewählt und alle Radien und Dimensionen auf die halbe Lichtweite a (kleine Halbachse) als Hauptdimension bezogen. Die Gleichungen der Coëfficienten enthalten deshalb (statt r) die Dimension a.

Wie aus den Curven (Taf. VI) ersichtlich ist, steht die Form des unteren Profiltheiles bezüglich ihrer Güte zwischen den zwei Eiprofilen; das Profil wird deshalb auch für die beiden Zwecke, welchen jene dienen, verwendet, zumal wenn die Schwankungen der Wassermengen den Wasserspiegel nicht zu weit (unter 0,2 der Profilhöhe) senken. Bei 0,29 Füllung, wo der f-Coëfficient sein Maximum (0,628) erreicht, kommt derselbe demjenigen des Halbkreises sehr nahe. Am günstigsten zeigt sich das Profil bei Füllungen zwischen 0,2 und 0,50 der ganzen Höhe.

Tabelle VI.

$F = \alpha_1 a^2$	$p = \alpha_2 a$	$\sqrt{R} = \alpha_3 \sqrt{a}$	$F\sqrt{R} = \alpha_4 \sqrt{a^5}$	$4R^2 = fF$	$2R = ma$
α_1	α_2	α_3	α_4	f	m
4,690	7,930	0,769	3,607	0,298	1,183
4,496	6,669	0,821	3,692	0,404	1,348
4,171	6,060	0,830	3,460	0,454	1,377
3,773	5,503	0,828	3,124	0,497	1,369
3,324	4,977	0,817	2,716	0,537	1,336
2,842	4,467	0,798	2,267	0,570	1,272
2,345	3,965	0,769	1,803	0,597	1,183
1,848	3,463	0,730	1,350	0,616	1,067
1,366	2,953	0,680	0,929	0,627	0,925
0,917	2,427	0,615	0,564	0,626	0,757
0,519	1,870	0,527	0,273	0,594	0,555
0,194	1,261	0,392	0,076	0,488	0,308
0	0	0	0	0	0

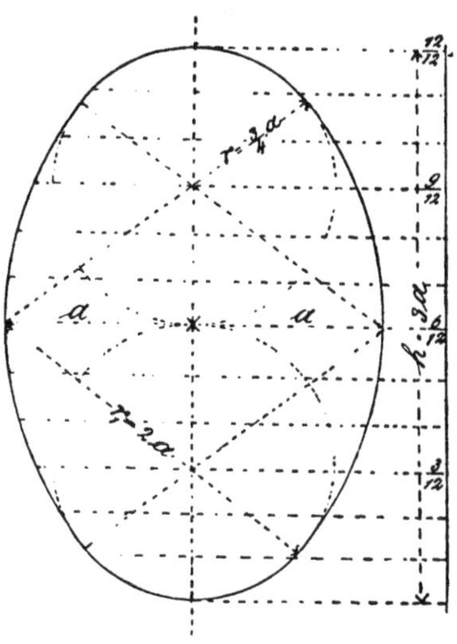

Fig. 7.

6. Ellipsenprofil, liegend.

Das Profil ist wiederum das vorhergehende, nur ist jetzt die kleine Achse senkrecht aufgestellt und die grosse Achse liegend. Im Uebrigen gilt alles in Bezug auf das vorhergehende Profil Gesagte.

Der Verlauf, den bei diesem Profil die f-Curve (Taf. VII) nimmt, zeigt klar, dass das Profil für kleine Füllungen zu ungünstig und deshalb nicht brauchbar ist; dagegen ist es für Füllungen von 0,5 bis 0,8 der Höhe, also bei constant grösseren Wassermengen recht gut zu brauchen.

Das Profil wird namentlich an Stelle des Kreises in solchen Fällen angewendet, in welchen für das Kreisprofil die Constructionshöhe fehlt, wie bei Hauptauslasskanälen etc.

Tabelle VII.

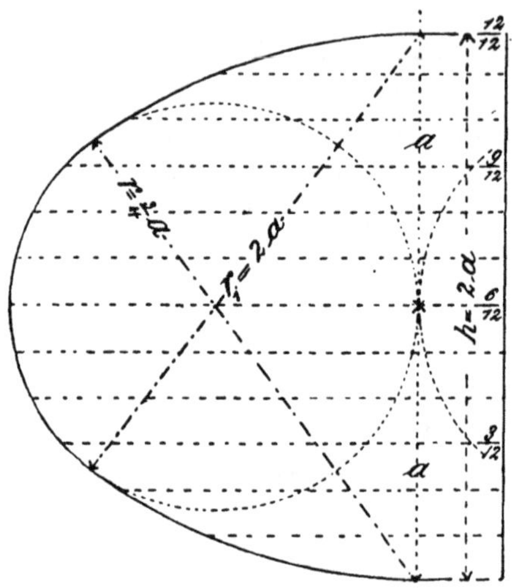

Fig. 8.

$F = \alpha_1 a^2$	$p = \alpha_2 a$	$\sqrt{R} = \alpha_3 \sqrt{a}$	$F\sqrt{R} = \alpha_4 \sqrt{a^5}$	$4R^2 = fF$	$2R = ma$
α_1	α_2	α_3	α_4	f	m
4,690	7,930	0,769	3,607	0,298	1,183
4,511	6,285	0,847	3,822	0,457	1,436
4,191	5,588	0,866	3,630	0,537	1,500
3,785	5,060	0,865	3,274	0,591	1,496
3,328	4,655	0,845	2,814	0,614	1,430
2,843	4,302	0,813	2,311	0,615	1,322
2,345	3,965	0,769	1,803	0,597	1,183
1,847	3,628	0,714	1,318	0,561	1,018
1,362	3,275	0,645	0,878	0,508	0,832
0,905	2,870	0,561	0,508	0,440	0,631
0,499	2,342	0,462	0,230	0,364	0,426
0,179	1,645	0,330	0,059	0,265	0,218
0	0	0	0	0	0

II. Die Geschwindigkeitsformeln.

a) Für Kanäle.

Nachdem wir im Vorhergehenden die gebräuchlicheren Profilformen bezüglich ihrer Güte und Leistungsfähigkeit untersucht haben, kommen wir nun weiter dazu, uns mit den Geschwindigkeiten zu beschäftigen, mit denen sich gegebene Wassermengen in den Kanälen bewegen. Die Grundgleichung der gleichförmigen Bewegung des Wassers, auf welche fast alle unsere Geschwindigkeitsformeln zurückzuführen sind, lautet $v = k\sqrt{R\varphi}$, worin v die Geschwindigkeit pro Secunde, $R = \frac{F}{p}$ den Profilradius, $\varphi = \frac{h}{l}$ das relative Gefälle und k den sog. Geschwindigkeitscoëfficienten bedeutet. Diesen letzteren hat man früher für alle Arten von Kanälen constant angenommen; er wurde von Eytelwein vor nahezu hundert Jahren zu $k = 50{,}9$ ermittelt und dient leider auch heute noch vielfach bei Berechnungen, trotzdem man von seiner Unzulänglichkeit längst überzeugt ist; aber nur deshalb, weil sein Gebrauch in Folge seiner Einfachheit bequem ist. Später fand man, dass jener Coëfficient nicht constant, sondern mit der Geschwindigkeit veränderlich sei. Die Gleichung des Coëfficienten hatte nach Prony etc. die Form

$$k = \frac{1}{\sqrt{\alpha + \frac{\beta}{v}}}$$

und nach Weisbach

$$k = \frac{1}{\sqrt{\alpha + \frac{\beta}{\sqrt{v}}}}.$$

In der That ist aber der Einfluss der Geschwindigkeit auf den Coëfficienten ein sehr geringer, so dass der Coëfficient dadurch nur wenig veränderlich wurde. Die Hauptursache dieser Veränderlichkeit erkannte man erst vor wenigen Decennien in dem Rauhheitsgrad der Kanalwandungen und im hydraulischen Radius.

Namentlich waren es die gründlichen Untersuchungen von Darcy und Bazin, welche genannte Ursachen evident nachwiesen und damit die Grundlagen für alle neueren Formeln schafften.

Gemäss dieser Untersuchungen gestalteten Darcy und Bazin die Formel für den Coëfficienten folgendermaassen:

$$k = \frac{1}{\sqrt{\alpha + \frac{\beta}{R}}},$$

worin α und β zwei Coëfficienten sind, die mit der Rauhheit der Wandungen variiren. In Bezug auf letztere unterschieden sie vier Categorien von Kanalwandungen, welchen später Kutter noch eine fünfte hinzufügte. Für diese bestimmten sie die Coëfficienten α und β, wie folgt:

		α	β
I. Cat.	Kanäle von geglättetem Cement, sorgfältig gehobeltem Holz etc.	0,00015	0,0000045
II. »	» » Brettern, Quader- und Backsteinmauerwerk etc.	0,00019	0,0000133
III. »	» » Bruchsteinmauerwerk etc.	0,00024	0,0000600
IV. »	» in Erde	0,00028	0,0003500
V. »	» bei Geschiebeführung (Kutter)	0,00040	0,0007000

Auf der Grundlage dieser Versuche bauten nun spätere Hydrauliker fort; zunächst stellte Gauckler eine Formel auf, die ebenfalls den Coëfficienten k von R und von der Rauhheit abhängig machte; dieselbe lautet:

$$\sqrt{v} = \alpha \sqrt[3]{R} \sqrt[4]{\varphi},$$

so dass k in dem allgemeinen Ausdruck $v = k \sqrt{R\varphi}$ ist

$$k = \alpha^2 \sqrt[6]{R}.$$

Diese Formel gilt jedoch nur für Gefälle über 0,0007.

Für kleinere Gefälle modificirte er dieselbe in folgender Weise:

$$\sqrt[4]{v} = \beta \sqrt[3]{R} \sqrt[4]{\varphi}, \text{ so dass } k = \beta^4 \sqrt[6]{R^5} \sqrt{\varphi}$$

wird.

Die Coëfficienten für beide Formeln sind die folgenden:

		α	β
I. Cat.	Mauerwerk von Hausteinen und Cement	8,5 bis 10,0	8,5 bis 9,0
II. »	Gutes gewöhnliches Mauerwerk	7,6 » 8,5	8,0 » 8,5
III. »	Wände von Mauerwerk, Sohle in Erde	6,8 » 7,6	7,7 » 8,0
IV. »	Kanäle in Erde, ohne Pflanzen	5,7 » 6,8	7,0 » 7,7
V. »	» » » mit Pflanzen	5,0 » 5,7	6,4 » 7,0

Namentlich waren es dann die Schweizer Ingenieure Ganguillet und Kutter, welche sich um die Ergründung der auf die Wasserbewegung einwirkenden Factoren grosse Verdienste erwarben.

Auf Grund der Bazin'schen und zahlreicher neuer Messungen verbesserten sie zunächst die Bazin'sche Formel durch Umwandlung derselben in die Formel

$$v = \left(a - \frac{ab}{\sqrt{R} + b}\right) \sqrt{R\varphi},$$

in welcher a und b die mit der Rauhheit veränderlichen Coëfficienten sind; nur machten sie bezüglich der Rauhheit kleinere Abstufungen und erhielten deshalb 12 Categorien; der Coëfficient a ist für alle gleich 100 angenommen, während b die Werthe 0,12, 0,15, 0,20, 0,27, 0,35, 0,45, 0,56, 0,72, 0,93, 1,22, 1,67 und 2,44 annimmt. Cat. I bis II entspricht dabei etwa der Cat. I von Bazin, Cat. XI bis XII der Cat. V von Bazin. Durch ihre weiteren Untersuchungen und diejenigen anderer Hydrauliker (an grösseren Flüssen und Strömen) fanden sie jedoch weiter, dass der Geschwindigkeitscoëfficient ausser von der Rauhheit der Wände und dem Profilradius auch noch vom Gefälle abhängig ist; und um nun allen an eine allgemein gültige Formel zu stellenden Anforderungen zu entsprechen, stellten sie eine neue Geschwindigkeitsformel auf, welche lautet:

$$c = \frac{23 + \frac{1}{n} + \frac{0{,}00155}{\varphi}}{1 + \left(23 + \frac{0{,}00155}{\varphi}\right)\frac{n}{\sqrt{R}}} \sqrt{R\varphi}.$$

Für die Rauhheit werden sechs verschiedene Grade unterschieden, für welche der Rauhheitscoëfficient n die folgenden Werthe erhält:

		n	$\frac{1}{n}$
I. Cat.	Kanäle von sorgfältig gehobeltem Holz und von glattem Cement	0,010	100,00
II. »	» » Brettern	0,012	83,33
III. »	» » behauenen Quadersteinen, gut gefügten Backsteinen	0,013	76,91
IV. »	» » Bruchsteinen	0,017	58,82
V. »	» in Erde; Bäche und Flüsse	0,025	40,00
VI. »	Gewässer mit gröberen Geschieben und mit Wasserpflanzen	0,030	33,33

Diese vorangeführten Werthe des Rauhheitscoëfficienten sind jedoch nur Mittelwerthe; je nach der besonderen Natur der Kanalwandungen können dieselben noch in ziemlich weiten Grenzen schwanken, welche sich nach den von Kutter[1]) aufgeführten Messungsresultaten, wie folgt, ergeben:

Cat. I. $n = 0{,}0085 - 0{,}0110$
» II. $n = 0{,}011 - 0{,}013$
$n = 0{,}013 - 0{,}0215$ (bei angebrachten Abflusserschwerungen durch aufgenagelte Latten, festgemachten Kies)
» III. $n = 0{,}012 - 0{,}0200$
» IV. $n = 0{,}014 - 0{,}022$
» V. $n = 0{,}018 - 0{,}030$ (bei gemauerten Seitenwänden)
$n = 0{,}020 - 0{,}040$ (Gewässer in Erde: Kanäle, Bäche, Flüsse)
» VI. $n = 0{,}020 - 0{,}060$.

Ferner hat Hagen die Messungsresultate von Darcy-Bazin, sowie diejenigen von Humphreys-Abbot von den amerikanischen Strömen benutzt, um eine möglichst allgemeine Formel abzuleiten; er unterscheidet jedoch zwischen kleineren und grösseren Wasserläufen und erhält für erstere die Formel $v = 4{,}9\,R\sqrt[5]{\varphi}$, so dass der Coëfficient $k = 4{,}9\frac{\sqrt{R}}{\sqrt[10]{\varphi^3}}$ wird.

Später stellte Hagen auf Grund der Cunningham'schen Messungen am Gangeskanale die Formel auf: $v = 43{,}7\sqrt[3]{R^2}\sqrt{\varphi}$, welche bezüglich ihrer Zusammensetzung vollständig mit mit der Gauckler'schen Formel übereinstimmt (man braucht diese nur ins Quadrat zu erheben). Der Coëfficient α der letzteren würde für die Hagen'sche neue Formel $\alpha = \sqrt{43{,}7} = 6{,}61$ und würde sich also in die IV. Gauckler'sche Categorie einordnen.

[1]) Bewegung des Wassers in Kanälen und Flüssen. Berlin 1885.

Endlich entwickelte Harder eine neue Theorie der Bewegung des Wassers, durch welche er auf die folgende Formel geführt wird: $v = k_1 \sqrt{R\varphi} + k_2 R \sqrt{\varphi}$, in der sich der Coëfficient $k = k_1 + k_2 \sqrt{R}$ wiederum als Function von R darstellt. Darin ist k_1 mit der Rauhheit veränderlich und nimmt als Werthe

für sehr glatte Wände (Cement) $k_1 = 70{,}5$,

» glatte Wände (Bretter, Quader- und Backsteine) $k_1 = 56{,}0$,

» Flüsse, Kanäle in Erde und rauhem Bruchsteinmauerwerk $k_1 = 36{,}27$

an, während der Coëfficient k_2 den constanten Werth $k_2 = 7{,}254$ behält.

Ausser den angeführten Formeln ist im Laufe der Zeit noch eine Reihe weiterer entstanden, welchen aber hauptsächlich die Messungen an grösseren (amerikanischen) Strömen zu Grunde liegen und die deshalb für Kanäle nicht weiter in Betracht kommen.

Immerhin ist die Zahl der aufgeführten Formeln eine ziemliche, und man ist nun vor die Frage gestellt, welche von diesen die zuverlässigsten Resultate liefern wird. Diese Frage wollen wir jedoch erst später an der Hand der graphischen Tafel zu beantworten versuchen.

So viel geht jedenfalls aus den obigen Formeln klar hervor, dass den hauptsächlichsten Einfluss auf den Geschwindigkeits-Coëfficienten der hydraulische Radius und der Grad der Rauhheit der Wandungen ausübt; dass dagegen der Einfluss des Gefälles nur ein geringer ist, der sich um so weniger fühlbar macht, je grösser das Gefälle ist. Da wir es aber bei Kanälen doch meist mit grösseren Gefällen zu thun haben, so dürfen wir den Einfluss des Gefälles jedenfalls vernachlässigen, und es genügte deshalb für unsere Zwecke, wenn wir nur diejenigen Formeln in Betracht ziehen würden, welche ihren Geschwindigkeits-Coëfficienten nur vom hydraulischen Radius und vom Rauhheitsgrade abhängig machen. Es wären dies die Formeln von Darcy-Bazin, die erste Formel von Gauckler, dann die ältere von Ganguillet-Kutter, die neue Hagen'sche (für Kanäle) und die Harder'sche.

Bezüglich der Kutter'schen Formel erschien es indess nicht angezeigt, auf die ältere mit den 12 Categorien zurückzugreifen, obwohl bei dieser der Coëfficient nur von R abhängig gemacht ist; es wurde vielmehr die neuere allgemeine Formel gewählt, da die Unterscheidung von 12 Categorien bei der älteren Formel betreffs der Auswahl mehr Schwierigkeiten zu machen scheint, als nach den 6 Categorien der neueren, und diese ja doch die Bewegungsgesetze des Wassers viel besser zum Ausdruck bringt.

Bei der neueren Formel ist allerdings der Coëfficient k ausser von R auch noch vom Gefälle abhängig; doch beginge man, wie schon bemerkt, zumal bei grösseren Gefällen, keinen grossen Fehler, wenn man die Glieder, welche das Gefälle enthalten, vernachlässigt, oder, was hiermit gleichbedeutend ist, mit einem Gefälle $\varphi = \infty$ rechnet und den Coëfficienten schreibt:

$$k = \frac{23 + \frac{1}{n}}{1 + \frac{23\,n}{\sqrt{R}}}.$$

Um indess darzuthun, wie gross dieser Fehler wird, wurden einige Vergleichsrechnungen angestellt, welche das Folgende ergaben:

Für Gefälle von $10^0/_{00}$, $1{,}0^0/_{00}$ und $0{,}1^0/_{00}$ wurden die Coëfficientenwerthe in Cat. I und V für $R = 0{,}10$, $0{,}50$, $1{,}0$ und $2{,}0$ gerechnet, das eine Mal nach der ausführlichen Formel, das andere Mal nach der obigen abgekürzten ($\varphi = \infty$). Die Resultate sind folgende:

Tabelle VIII.

$n = 0{,}010$					$n = 0{,}025$				
$\varphi =$	∞	$10^0/_{00}$	$1^0/_{00}$	$0{,}1^0/_{00}$	$\varphi =$	∞	$10^0/_{00}$	$1^0/_{00}$	$0{,}1^0/_{00}$
$R = 0{,}10$	71,2	71,10	70,12	62,5	$R = 0{,}10$	22,35	22,31	21,95	19,41
0,50	93,3	93,00	92,70	89,8	0,50	34,90	34,8	34,70	33,3
1,0	100,0	100,0	100,0	100,0	1,0	40,00	40,00	40,00	40,00
2,0	106,0	106,1	106,20	108,8	2,0	44,79	44,81	45,01	46,71

Aus diesen Tabellen ersieht man zunächst, dass beide Formeln für $R = 1$ genau gleiche Werthe von k ergeben, nämlich $k = \frac{1}{n}$; es fällt für diesen Werth von R das Gefälle ganz aus der Rechnung hinaus. Ferner zeigt sich, dass die nach der genauen Formel gerechneten Coëfficienten für Werthe von R unter 1 kleiner, als die nach der abgekürzten Formel gerechneten und für Werthe von R über 1 grösser, als diese werden, und zwar sind die Abweichungen um so grösser, je kleiner die Gefälle sind. Man veranschaulicht sich diese Verhältnisse am besten graphisch und überzeugt sich, dass die Differenzen erst bei einem Gefälle von $0{,}1^0/_{00}$ anfangen, erheblicher zu werden, für grössere Gefälle aber wohl zu vernachlässigen sind.

b) Röhren.

Die Bewegung des Wassers in Röhren unterscheidet sich von derjenigen in offenen Kanälen nur dadurch, dass sie nicht mehr durch das Gefälle eines offenen Wasserpiegels, sondern durch das der Drucklinie veranlasst wird, d. h. derjenigen Linie, welche durch die Verbindung der Wasserspiegel in lothrecht auf das Rohr aufgestellten Piezometerröhren erhalten wird. Die die Bewegung des Wassers verzögernden Factoren, die Widerstände, sind aber im Allgemeinen die nämlichen, wie bei offenen Kanälen; die allgemeine Gleichung $v = k\sqrt{R\varphi}$ hat deshalb auch für die Röhren Geltung, nur ist jetzt unter φ das Gefälle der Drucklinie verstanden.

Da man es fast durchweg mit kreisförmigen Querschnitten zu thun hat, so setzt man in obige Gleichung unmittelbar den Durchmesser d statt den hydraulischen Radius ein; R wird dann gleich $\frac{d}{4}$ und

$$v = k\sqrt{\frac{d}{4}\varphi} = \frac{k}{2}\sqrt{d\varphi} = k_0\sqrt{d\varphi}.$$

Der Geschwindigkeitscoëfficient k_0 wird unter gleichen Widerstandsverhältnissen gleich der Hälfte des Coëfficienten k für offene Leitungen. Dieser Coëfficient hat bei den Röhren dieselben Entwicklungen durchgemacht, wie bei den offenen Kanälen. Anfangs, d. h. vor hundert Jahren, wurde er durchaus constant angenommen (Prony $k_0 = 26{,}79$, Dupuit $k_0 = 25{,}46$); später machte ihn Weisbach abhängig von der Geschwindigkeit, indem er schrieb:

$$k_0 = \frac{1}{\sqrt{0{,}0007336 + \frac{0{,}0004828}{\sqrt{v}}}}\text{ [1]}.$$

Diese Formel ist noch heute vielfach in Gebrauch, doch berücksichtigt sie die maassgebenden Factoren noch nicht. Vielmehr wurden diese erst von Darcy richtig erkannt, durch die vielen Versuche, welche derselbe an Rohrleitungen mit möglichst verschiedenen Durchmessern und Rauhheitsgraden der Innenwandungen anstellte. Hiernach aber sind es hauptsächlich die beiden letztgenannten Factoren, welche auf den Geschwindigkeitscoëfficienten veränderlich einwirken.

Als Form für den Coëfficienten erhielt Darcy die folgende:

$$k_0 = \frac{1}{\sqrt{\alpha + \frac{\beta}{d}}},$$

worin α und β wieder zwei Coëfficienten sind, welche mit der Rauhheit veränderlich sind. Darcy bestimmte dieselben jedoch nur für eine Categorie, nämlich für neue gusseiserne Leitungen und erhielt

$$\alpha = 0{,}001014 \text{ und } \beta = 0{,}0002588.$$

Seine Versuche zeigten weiter, dass eine Aenderung der Glätte der Rohrwandung in Folge nur ganz geringer Niederschläge sofort die Rauhheitscoëfficienten beeinflusst und den Widerstand vergrössert. Für ältere Leitungen gibt Darcy die Regel an, man solle das aus der Formel erhaltene Gefälle verdoppeln oder bei gegebenem Gefälle nur die Hälfte desselben in Rechnung ziehen. Die Formel für ältere Leitungen müsste hiernach heissen $v = k\sqrt{d \cdot 2q}$. Ausserdem aber, sagt Darcy, soll man für etwaige Rohrverengungen durch Niederschläge, je nach der Natur des Leitungswassers, den gefundenen Durchmessern um so grössere Zuschläge geben, je enger die Rohre sind.

Auf den Versuchen von Darcy baute dann Levy weiter und leitete aus denselben an der Hand theoretischer Betrachtungen eine neue Formel ab, welche dem Coëfficienten die Form gibt:

$$k_0 = \sqrt{\alpha + \beta\sqrt{d}}.$$

Die Rauhheitscoëfficienten α und β bestimmte er für zwei Categorien, nämlich

für neue gusseiserne Rohre . . $\alpha = 662{,}5$, $\beta = 468{,}44$,

» Rohre mit Niederschlägen . $\alpha = 210{,}125$, $\beta = 445{,}74$.

Die Resultate dieser Formeln stimmten in der That besser mit den Versuchsresultaten überein, als diejenigen der Darcy'schen Formel.

---

[1] Die auf Grund der neuerdings von Hamilton Smith angestellten Versuche abgeleitete Formel von Wehage, in welcher der Zähler von $\sqrt{v}$ noch mit d veränderlich gemacht ist und der Coëfficient k_0 lautet: $k_0 = \frac{1}{\sqrt{0{,}0006729 + \left(0{,}0004588 + \frac{0{,}000007137}{d}\right)\frac{1}{\sqrt{v}}}}$, unterscheidet sich in ihren Resultaten nur wenig von der Weisbach'schen, wie aus dem Späteren hervorgehen wird.

Ferner hat dann **Gauckler** sich mit obigen Versuchen weiter beschäftigt und gelangte nach langen Untersuchungen zu der Formel:

$$\sqrt{v} + \frac{d}{4}\sqrt[4]{v} = \alpha \sqrt[3]{d}\sqrt[4]{\varphi},$$

aus welcher sich der Coëfficient k_0 der allgemeinen Gleichung berechnet zu

$$k_0 = \frac{\alpha^2 \sqrt[6]{d}}{\left(1 + \frac{d}{4\sqrt[4]{v}}\right)^2},$$

somit ausser vom Durchmesser d auch noch von der Geschwindigkeit v abhängig ist.

Den Rauhheitscoëfficienten α bestimmte **Gauckler** für 6 Categorien, nämlich

für	neue gusseiserne Rohre zu . . .	6,625
»	mit Niederschlägen bedeckte . . .	5,5
»	asphaltirte Blechrohre	7,0
»	gezogene eiserne	6,4
»	bleierne	7,0
»	Glasrohre	6,7

Für die Anwendung in der Praxis schlägt **Gauckler** den Coëfficienten $\alpha = 5{,}5$ vor, weil die Rohre sich doch mit der Zeit mit Niederschlägen bedecken.

Die auf Grundlage der Darcy'schen Versuche von **Hagen** aufgestellte Formel:

$$\varphi = \frac{a}{d^2} v + \frac{b}{d} v^2,$$

für welche sich der Coëfficient k_0 unserer allgemeinen Formel schreibt

$$k_0 = \frac{1}{\sqrt{\frac{a}{d\,v} + b}},$$

somit von d und v abhängig ist, berücksichtigt auch noch den Einfluss der Temperatur τ (in R^0), indem $a = 0{,}000005871 - 0{,}000000267\,\tau + 0{,}00000000735\,\tau^2$ und $b = 0{,}0012017$. Die Veränderlichkeit des Coëfficienten ist jedoch so gering, dass **Hagen** selbst zugibt, dass für die gewöhnlichen Fälle der Praxis das Glied $\frac{a}{dv}$ vernachlässigt werden darf, wodurch der Coëfficient auf den constanten Werth

$$k_0 = \frac{1}{\sqrt{b}} = 28{,}85$$

zurückgeführt wird. Damit ist aber nur die Unzulänglichkeit der Formel selbst bewiesen.

Endlich sind noch die Formeln anzuführen, welche der Verfasser auf Grund der neuen vom Verbande deutscher Architekten- und Ingenieurvereine veröffentlichten Versuche aufgestellt hat[1]). Letztere Versuche bestätigen im Wesentlichen die von **Darcy** gefundenen

[1]) Civilingenieur 1881 3. Heft.

Resultate, nur zeigen sie im Allgemeinen etwas grössere Widerstände, zumal bei kleineren Rohrkalibern. Als Form für den Coëfficienten entsprach am besten die folgende:

$$k_0 = \frac{1}{\sqrt{\alpha + \frac{\beta}{\sqrt{d}}}},$$

für welche die Rauhheitscoëfficienten α und β für die zwei Categorien:

reine gusseiserne Leitungen zu $\alpha = 0{,}000512$, $\beta = 0{,}0003847$
mit Niederschlägen bedeckte zu $\alpha = 0{,}000495$, $\beta = 0{,}000652$

sich ergaben.

Welche von den angeführten Formeln sich am besten für die Anwendung empfehlen dürften, werden wir später auf Grund der graphischen Tabelle untersuchen.

III. Die graphischen Tabellen.

Nach den im Vorhergehenden angestellten Betrachtungen der Profile und Geschwindigkeitsformeln handelt es sich nun weiter um die Anwendung derselben auf die Berechnung. Bekanntlich sind Berechnungen von Kanälen mit nur einigermaassen complicirten Querprofilen ziemlich umständlich, zumal wenn man sich dabei noch der neueren, nicht gerade einfachen Geschwindigkeitsformeln bedient. Es war deshalb darauf Bedacht zu nehmen, wie diese Rechnungen sich möglichst abkürzen und vereinfachen liessen. Hierzu lag es nahe, die hauptsächlichsten Rechnungswerthe in Tabellen zusammenzustellen, so dass sie denselben unmittelbar entnommen werden könnten. Unter den verschiedenen Arten von Tabellen ist aber jedenfalls den graphischen der Vorzug einzuräumen, da dieselben die Werthe bildlich darstellen und dadurch viel übersichtlicher sind, als blosse Zahlentabellen; ausserdem lassen sich bei ihnen Zwischenwerthe durch Interpolation leichter und genauer entnehmen als bei diesen, und endlich können bei ihnen keine Fehler unterlaufen, da diese sofort auffallen würden.

Unter den graphischen Tabellen sind es aber wieder die logarithmo-graphischen, welche besondere Vortheile bieten; sie bestehen nämlich meist aus geraden Linien, sind deshalb leichter und genauer herzustellen, als andere und lassen auch ihre Werthe leichter entnehmen.

Von dieser Art von Tabellen hat Verfasser bereits früher Gebrauch gemacht zur Herstellung einer Tabelle für Röhren[1]), sowie einer für offene Kanäle mit Kreissohlenprofil[2]). Beide beschränkten sich jedoch nur auf die eine zu Grunde gelegte Querschnittsform und auf eine einzige Categorie je einer Geschwindigkeitsformel. Wollte man aber in gleicher Weise für sämmtliche behandelte Profile und für alle Categorien der einzelnen Geschwindigkeitsformeln solche Tabellen aufstellen, so bekäme man ein ganz colossales Material, dem alle Uebersichtlichkeit fehlen würde. Deshalb war es nothwendig, zur Erreichung des Zweckes einfachere Wege zu suchen. Erstens mussten die verschiedenen Profile in ein festes System gebracht werden, so dass nicht für jedes einzelne Profil eine Tabelle erforderlich wurde, sondern nur für das System; und zweitens musste der Tabelle eine Anordnung gegeben werden, welche die Aufnahme der sämmtlichen Categorien der einzelnen Formeln neben einander gestattete.

Das Erstere wurde erreicht durch die Zurückführung der sämmtlichen Profile auf den hydraulischen Radius, was durch die bereits bei den Profilen behandelten Form- und Maasscoëfficienten geschieht. Die Gleichungen für diese Coëfficienten sind nach dem Früheren:

$$F = \frac{4}{f} R^2 \text{ und } b_1 \text{ (od. } r \text{ od. } a) = \frac{2}{m} R;$$

[1]) Die Formeln über die Bewegung des Wassers in Röhren, Civilingenieur 1881.

[2]) Ueber günstigste Kanalquerprofile, Ztg. für Strassenbau und Culturtechnik 1885.

ferner lautet der allgemeine Ausdruck für die mittlere Geschwindigkeit: $v = k\sqrt{Rq}$, so dass die Wassermenge M pro Secunde erhalten wird aus $M = Fv = Fk\sqrt{Rq}$.

Setzt man nun in diese Gleichung den obigen Werth für F ein, so erhält man:

$$M = \frac{4}{f} R^2 k \sqrt{Rq} \quad \text{und} \quad Mf = 4k\sqrt{R^5 q}.$$

Auf diese Weise bekommen wir einen Ausdruck, dessen rechte Seite aus denselben Grössen besteht, wie diejenige der Gleichung der Geschwindigkeit, nämlich aus dem Geschwindigkeitscoëfficienten k, dem Profilradius R und dem Gefälle q; somit unabhängig ist von der Grösse und Form des Querprofils.

Wir haben so einen ganz allgemeinen Ausdruck, der für alle irgendwie gestalteten Querprofile Geltung hat; die Gestalt aber ist in dem Coëfficienten f enthalten. Dieser, sowie der Maasscoëfficient m bilden den Uebergang vom Profil zum Radius R, bzw. zur Wassermenge M.

Denn es kann für irgend eine Querprofilform den früheren Tabellen der Coëfficient m entnommen und, wenn die Dimensionen des Profils gegeben sind, aus dem dieselben repräsentirenden Werthe von b_1 (oder r oder a) mittels der Gleichung $b_1 = \frac{2}{m} R$ der Profilradius R berechnet worden. Mit diesem ergibt sich dann aus der Gleichung $Mf = 4k\sqrt{R^5 q}$ bei gegebenem q das Mf und, da f bekannt, das M; oder, wenn M gegeben ist, erhält man durch Multiplication mit f den Werth Mf und aus der Gleichung das Gefälle q. Sind die Grössen M und q gegeben, so rechnet man zunächst den Werth Mf und aus der Gleichung für Mf das R; mit diesem erhält man b_1 und die übrigen Profildimensionen. Sind die Grössen q und v gegeben, so rechnet man aus der Gleichung $v = k\sqrt{Rq}$ das R, mit diesem das Mf, und aus diesen Grössen erhält man mittels der gegebenen Coëfficienten m und f die Dimensionen des Profils und die Wassermenge.

So ist also durch die Einführung der Form- und Maasscoëfficienten ein System geschaffen, durch welches die ganze Rechnung auf die vier Grössen R, v, q und Mf zurückgeführt wird. Für diese aber lassen sich nun leicht Tabellen aufstellen, aus welchen zu zwei gegebenen Werthen die zwei anderen zugehörigen entnommen werden können. Der in obigen Gleichungen noch vorkommende Coëfficient k ist, wie aus dem Früheren bekannt, von einer oder von zweien der Grössen v, R oder q abhängig; es kommt also durch diesen keine weitere Grösse in die Rechnung.

Soll nun für die vier Grössen R, v, q und Mf eine graphische Tabelle aufgestellt werden, so gestaltet sich diese sehr einfach, wenn k constant ist; weniger einfach wird die Aufgabe, wenn dieser Coëfficient mit einer oder gar mit zweien der Grössen R, v und q veränderlich ist. Jedoch kommt hierbei viel auf die specielle Anordnung der Tabellen an, weshalb diese noch kurz behandelt werden soll.

Für die Anordnung der graphischen Tabellen ist in erster Linie die Frage zu entscheiden, welche von den vier Grössen R, v, q und Mf als Coordinaten dienen sollen. Die Wahl dieser letzteren ist aber vorzugsweise abhängig von der Veränderlichkeit des Coëfficienten k, bzw. von den in demselben enthaltenen Veränderlichen. Von den letzteren darf höchstens eine der Tabelle als eine der Coordinaten zu Grunde gelegt werden.

Bei constantem Coëfficienten k ist man somit in dieser Beziehung nicht gebunden und man könnte irgend zwei der obigen Grössen als Coordinaten benutzen. Man hat jedoch behufs einer guten Anordnung der Tabelle weiter darauf zu sehen, dass sich die einzelnen Liniensysteme nicht unter zu spitzen Winkeln schneiden, und zu diesem Zwecke empfiehlt es sich, als rechtwinklige Coordinaten entweder die R und v oder die Mf und φ zu wählen. In beiden Fällen erhält man, wenn man für R und v gleiche Maassstäbe nimmt, bei constantem Coëfficienten zwei Systeme von auf einander senkrechten Linien, durch welche die Tabelle ein sehr leicht übersichtliches Bild gewinnt.

Betrachten wir zunächst

a) Das Coordinatensystem $Mf - \varphi$.

1. Bei constantem Coëfficienten k.

Legt man die beiden Grössen Mf und φ als rechtwinklige Coordinaten zu Grunde, so trägt man ohne eigentlichen Coordinatenanfang als Abscissen die Logarithmen der Gefälle φ und als Ordinaten die der Mengen Mf in gleichem Maassstabe auf und zwar innerhalb der für die Tabelle gewünschten Grenzen.

In Tabelle a) wurden so die Mf von 0,01 bis 10,0 cbm und die φ von 0,01 bis 10‰ aufgetragen und hierdurch ein Netz mit quadratischen Hauptmaschen erhalten, welches nachträglich so gedreht wurde, dass die R-Linien horizontal wurden. Um nun in dieses Netz die R- und v-Linien einzutragen, verfährt man in der Weise, dass man die Schnittpunkte dieser Linien mit einzelnen Mf-Linien durch Berechnung und Auftragung der zugehörigen $\log \varphi$ aufsucht. Will man z. B. die Linie $R = 1{,}0$ eintragen, so ergibt sich ihr Schnittpunkt mit der Linie $Mf = 10{,}0$, indem man aus der Gleichung $Mf = 4k\sqrt{R^5 \varphi}$ für $Mf = 10{,}0$ und $R = 1{,}0$ den $\log \varphi = 2 \log Mf - 2 \log 4k - 5 \log R$ rechnet und auf der Linie $Mf = 10{,}0$ aufträgt; ebenso erhält man den Schnittpunkt derselben mit der Linie $Mf = 1{,}0$, indem man $Mf = 1{,}0$ und $R = 1{,}0$ einsetzt; oder also man rechnet für das constante $R = 1{,}0$ unter Einsetzen verschiedener Mf die Abscissen $\log \varphi$ aus obiger Gleichung, die sich dann einfacher schreibt

$$\log \varphi = 2 \log Mf - C, \text{ wenn } C = 2 \log 4k + 5 \log R.$$

Diese Gleichung stellt zugleich die Gleichung der Linien R dar und entspricht einer Geraden. Da nun die Gleichung einer anderen (R_1) Linie aus derjenigen der vorhergehenden erhalten wird nur durch Aenderung des R, somit also die gerechneten $\log \varphi$ um die constante Grösse $5 (\log R \mp \log R_1)$ verschieden sind, so folgt, dass die R-Linien unter sich parallel werden müssen, und es genügt nun, auf obige Weise für jede nur einen Punkt zu bestimmen. In derselben Weise werden die v-Linien erhalten; man rechnet für ein constantes v und verschiedene Mf die $\log \varphi$ aus der Gleichung

$$\varphi = \frac{(Mf)^2}{16 k^2 R^5} = \frac{(4v)^{\frac{5}{2}}}{16 k^2 (Mf)^{\frac{1}{2}}}, \left(\text{da } Mf = 4R^2 v \text{ und also } R = \left(\frac{Mf}{4v}\right)^{\frac{1}{2}}\right).$$

Die logarithmische Gleichung wird hiernach $\log \varphi = C - \frac{1}{2} \log Mf$, worin die Constante $C = \frac{5}{2} \log 4v - 2 \log 4k$, und entspricht ebenfalis wieder der geraden Linie. Da von einer

v-Linie zur anderen die $\log \varphi$ sich ebenfalls wieder um eine constante Grösse, nämlich $\frac{5}{2}(\log 4\,v \pm \log 4\,v_1)$ ändern, so werden auch die v-Linien unter sich parallel.

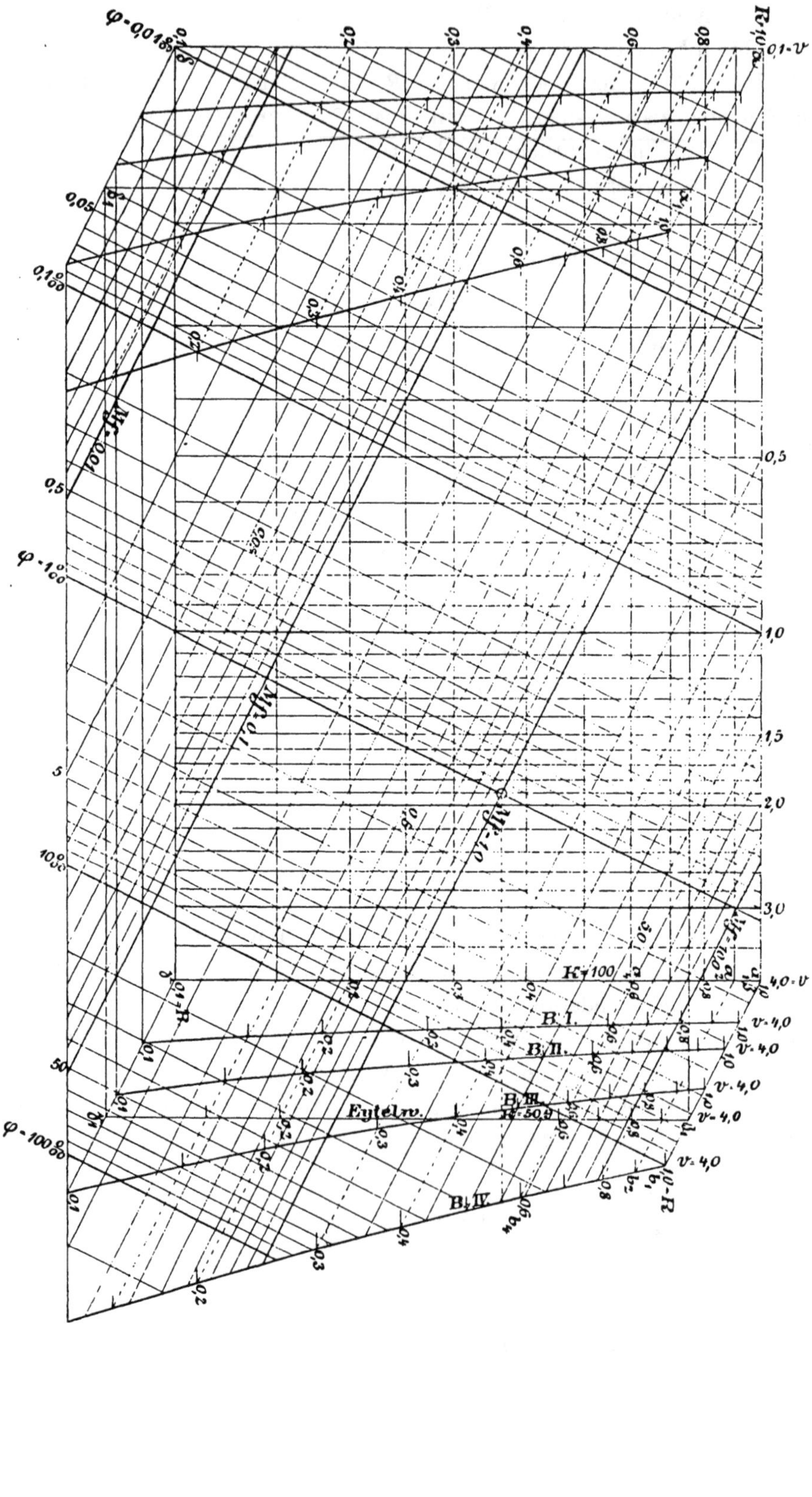

Fig. 9.

Tabelle a.

Auf diese Weise ist die Tabelle a) gerechnet worden, indem dabei als constanter Coëfficient $k = 100$ gewählt und die Abgrenzung der Tabelle $\alpha, \beta, \gamma, \delta$ so genommen wurde, dass sie die Werthe R von 0,1 bis 1,0 und die Werthe v von 0,1 bis 4,0 m umfasst.

Aus dieser Tabelle ersieht man, was auch schon aus den obigen logarithmischen Gleichungen zu entnehmen ist, dass die R- und v-Linien zu einander senkrecht werden und so die ganze Tabelle aus zwei gegen einander verdrehten Systemen von auf einander senkrechten Geraden besteht.

Würde man nun in gleicher Weise eine Tabelle für einen anderen Coëfficienten, z. B. $k = 50{,}9$, den Eytelwein'schen, rechnen, so würde sich in obigen Gleichungen nur das k ändern; da somit die sämmtlichen für die erste Tabelle gerechneten $\log \varphi$ sich um die constante Differenz $2 (\log 4\,k \pm \log 4\,k_1)$ ändern würden, so folgt, dass die R- und v-Linien in der neuen Tabelle ihre gegenseitige Lage und ihre Neigung beibehalten würden, ihr rechtwinkliges Netz also das gleiche bleiben und nur die Lage desselben gegen das der Coordinaten Mf und φ sich ändern würde. Aus der Gleichung $Mf = 4\,R^2\,v$ folgt aber, dass gleichen R- und v-Werthen auch gleiche Mf entsprechen müssen oder dass die Schnittpunkte gleicher R- und v-Linien auf derselben Mf-Linie liegen müssen, welches auch das k sei, mit welchem man rechnet. Daraus geht hervor, dass das neue Netz der R und v nach der Richtung der Mf-Linien verschoben sein muss.

Hiernach kann aber auch die neue Tabelle aus der ersteren dadurch erhalten werden, dass man durch irgend einen Schnittpunkt von R und v (z. B. von $R = 1{,}0$ und $v = 4{,}0$ s. Tab. a) der ersteren die Mf-Linie ($a_1 b_1$) zieht und auf dieser den den gleichen Werthen R und v entsprechenden, aber mit dem neuen Coëfficienten k_1 gerechneten $\log \varphi$ aufträgt. Der so erhaltene Punkt (β_1) stellt den neuen Schnittpunkt für das gleiche R und v dar. Auf gleiche Weise könnte mit allen Punkten des R-v-Netzes verfahren werden, alle Punkte würden sich um das gleiche Stück $\beta \beta_1$ nach der Richtung der Mf verschieben und das ganze R-v-Netz würde so nach $\alpha_1 \beta_1 \gamma_1 \delta_1$ rücken.

Man sieht aber, dass man schon in der ersten Tabelle das Netz R-v weglassen und sich mit einer nach v getheilten R-Linie und einer nach R getheilten v-Linie begnügen könnte. Durch Verschiebung der horizontaten R-Linie an der verticalen v-Linie (so dass der dem Werthe der letzteren entsprechende v-Punkt der ersteren immer auf jener Verticalen bliebe) oder durch Verschiebung der verticalen v-Linie längs der horizontalen R-Linie, könnten für einen durch zwei Grössen gegebenen Punkt die zwei anderen ebenso gut bestimmt werden.

Das Gleiche gilt natürlich auch von der zweiten Tabelle für $k = 50{,}9$; zur Fixirung derselben würde ebenso eine feste R-Linie und eine an dieser verschiebbare v-Linie oder eine feste v-Linie und eine an dieser verschiebbare R-Linie genügen. Da aber die verschiebbaren (R- bzw. v-) Linien für alle möglichen k immer die gleiche Theilung erhalten, so würde man eine solche für alle anderen Coëfficienten benutzen können, und es genügte für jeden Coëfficienten eine einzige feste Linie, an welcher der für alle Coëfficienten gleiche Maassstab zu verschieben wäre. In unserer Tabelle a) würde also die Verticale $\beta \gamma$ den Coëfficienten $k = 100$ und die Verticale $\beta_1 \gamma_1$ den Coëfficienten $k = 50{,}9$ vollständig ausreichend repräsentiren; an diesen würde der Maassstab $\alpha \beta$ oder $\delta \gamma$ stets in horizontaler Lage verschoben.

Es würde so jeder Coëfficient durch eine einzige Gerade dargestellt und es könnten die Tabellen für alle beliebigen Coëfficienten in eine einzige Tabelle vereinigt werden.

2. Bei veränderlichem Coëfficienten k.

Nicht so ganz einfach stellt sich die Aufgabe, wenn der Coëfficient k mit einer oder zwei Grössen veränderlich ist. Je nach der Form der Function der Veränderlichen werden in diesem Falle die einen oder die anderen Liniensysteme eine veränderte Richtung oder Gestalt annehmen.

Betrachten wir zunächst den Fall, dass der Coëfficient k mit R veränderlich ist, und nehmen als Beispiel die Darcy-Bazin'sche Formel, so haben wir, da als Coordinaten die Mf und φ zu Grunde gelegt sind, die übrigen Grössen als Function dieser auszudrücken. Die Formel lautet (etwas anders geschrieben als früher)

$$R\varphi = \left(\alpha + \frac{\beta}{R}\right) v^2 = c v^2$$

und die Gleichung der Wassermenge

$$Mf = 4k \sqrt{R^5 \varphi}$$

wird, da

$$k = \frac{1}{\sqrt{\alpha + \frac{\beta}{R}}} = \frac{1}{\sqrt{c}}$$

$$Mf = \sqrt{\frac{16 R^5}{c} \varphi}.$$

Aus dieser Gleichung können nun zur Fixirung der Lage der R-Linien für ein constantes R und variable Mf die $\log \varphi$ gerechnet werden, und lautet die logarithmische Gleichung $\log \varphi = 2 \log Mf - C$, wenn $C = \log 16 \frac{R^5}{c}$. Diese Gleichung hat aber dieselbe Form, wie die beim constanten Coëfficienten erhaltene und zeigt, dass die R-Linien wieder Gerade und Parallele werden. Es werden nun weiter die Durchschnittspunkte der sämmtlichen R-Linien mit einer Mf-Linie gesucht aus der Gleichung $\log \varphi = C - \log \frac{16 R^5}{c}$ (worin $C = 2 \log Mf$) und durch diese Punkte Parallele zur erst erhaltenen Richtung gezogen.

Die v-Linien können entweder durch ein Verfahren gefunden werden, das analog dem beim constanten Coëfficienten angewendeten; es können aber auch gleich die eben erhaltenen R-Parallelen benutzt werden, indem man auf ihnen die $\log \varphi$ abschneidet, welche man für constante v und die den einzelnen R-Parallelen entsprechenden Werthe von R aus der Gleichung $R\varphi = cv^2$ oder $\log \varphi = \log \frac{c}{R} + C$ (wenn $C = 2 \log v$) rechnet.

Ein weiteres Verfahren zur Construction der v-Linien ist, dass man aus der Gleichung $Mf = 4R^2 v$ für die einzelnen R bei constantem v die $\log Mf$ rechnet und diese auf den betreffenden R-Linien abschneidet. Die v-Linien stellen sich für die Function c als Curven dar; da jedoch für gleichbleibende R und verschiedene v die obige Gleichung $R\varphi = cv^2$ den $\log \varphi = C + 2 \log v$ (wenn $C = \log \frac{c}{R}$) ergibt, so folgt erstens, dass die einzelnen v-Curven einander parallel, und zweitens, dass ihre Abstände nach der Richtung der R gleich den Abständen der v-Parallelen in der Tabelle des constanten Coëfficienten werden.

Endlich kann aber auch die Tabelle des constanten Coëfficienten wieder zur Construction der neuen Tabelle benutzt werden, indem man auf den durch die Schnittpunkte der R- und v-Linien (z. B. $a_1 a_2 \ldots$) gezogenen Mf-Linien ($a_1 b_1, a_2 b_2, \ldots$) die diesen R und v entsprechenden Werthe $\log \varphi = \log \frac{c}{R} + C$ aufträgt.

Da die v-Curven unter sich parallel werden, wie es die beiden (für $v = 4{,}0$ und $0{,}1\, m$) eingezeichneten Curven zeigen, so genügt zur Darstellung der Formel, bzw. einer Categorie der Formel wieder eine einzige solche v-Curve (etwa die für $v = 4{,}0$); da die Abstände der v-Curven gleich denen bei constantem Coëfficienten, so kann der dort besprochene horizontale Maasstab auch hier zur Verschiebung an der die Categorie repräsentirenden Linie ($v = 4{,}0$), der Categorie-Linie, benutzt werden.

Gegen die Tabelle mit constantem Coëfficienten zeigt also diejenige der D a r c y - B a z i n - schen Formel wohl ebenfalls horizontale (und zwar gleich lange) R-Linien, aber gekrümmte v-Linien, so dass das Netz der Cat. B. I z. B. durch die Figur $\alpha_2 \beta_2 \gamma_2 \delta_2$ begrenzt würde.

Was aber für e i n e Categorie gilt, muss auch für die übrigen Categorien dieser Formel und ebenso für alle anderen Formeln, deren Coëfficient mit R veränderlich ist, gelten. Da alle diese Formeln, bzw. Categorien nur mit einer e i n z i g e n Linie (oder höchstens zwei parallelen für $v = 4{,}0$ und $v = 0{,}1$) eingetragen werden, so können sie sämmtlich in e i n e r Tabelle neben einander Platz finden.

Dadurch aber ist die Darstellung der Formeln nicht nur wesentlich erleichtert, sondern d i e F o r m e l n w e r d e n d u r c h d i e N e b e n e i n a n d e r s t e l l u n g a u c h v e r g l e i c h - b a r, und dies ist ein besonders bemerkenswerther Vortheil dieser Tabellen.

Auf die vorbeschriebene Weise sind nun in die Tabelle a) die vier ersten Categorien der D a r c y - B a z i n'schen Formel B. I, II, III, IV mit je zwei Categorielinien ($v = 4{,}0$ und $v = 0{,}1\, m$) eingetragen und es soll im Folgenden kurz der Gebrauch dieser Tabelle an einigen Beispielen gezeigt werden.

Aus dieser Tabelle erhält man z. B. für einen Schnittpunkt $Mf = 1{,}0$ und $\varphi = 1\frac{0}{00}$ für den constanten Coëfficienten $k = 100$ direct:

$$R = 0{,}36, \quad v = 1{,}91.$$

Will man nach der Cat. I von B a z i n rechnen, so legt man den Maassstab $\alpha\beta$ mit der Theilung der v mit seiner Kante horizontal an diesen Schnittpunkt, so dass sein $v = 4$-Punkt auf die Categorielinie B. I zu liegen kommt; man liest nun an dieser letzteren das R und am Maassstabe selbst beim Schnittpunkt das v ab und erhält so

für Categorie I	$R = 0{,}40$	$v = 1{,}57$;
» » II verschiebt man den Maassstab horizontal soweit, dass wieder der $v = 4$-Punkt auf die Categorielinie B. II kommt und liest ab	$R = 0{,}43$	$v = 1{,}39$,
ebenso für Categorie III	$R = 0{,}47$	$v = 1{,}13$,
für Categorie IV	$R = 0{,}56$	$v = 0{,}80$
und endlich für den Eytelwein'schen Coëfficienten $k = 50{,}9$	$R = 0{,}48$	$v = 1{,}11$.

Ist umgekehrt R z. B. $= 0{,}2$ und $v = 1{,}0$ gegeben und Mf und φ gesucht, so liest man zunächst für $k = 100$ aus der Tabelle direct $Mf = 0{,}16$, $\varphi = 0{,}5\,^0\!/_{00}$ ab. Um nach den Bazin-schen Categorien zu rechnen, hat man an der Categorielinie das gegebene R aufzusuchen, bzw. zu interpoliren, und hier den Maassstab horizontal mit seinem Punkte $v = 4\,m$ anzulegen; man liest dann am Punkte $v = 1{,}0$ des Maassstabes aus der Tabelle ab:

für Categorie I	$Mf = 0{,}16$	$\varphi = 0{,}86\,^0\!/_{00}$
» » II	$Mf = 0{,}16$	$\varphi = 1{,}3\,^0\!/_{00}$
» » III	$Mf = 0{,}16$	$\varphi = 2{,}7\,^0\!/_{00}$
» » IV	$Mf = 0{,}16$	$\varphi = 10\,^0\!/_{00}$
und für den Eytelwein'schen Coëfficienten $k = 50{,}9$.	$Mf = 0{,}16$	$\varphi = 2\,^0\!/_{00}$

Da R und v als gegebene Grössen gleich bleiben, muss auch Mf den gleichen Werth behalten. Hiernach ist wohl der Gebrauch der Tabelle in den Fällen, in welchen zwei andere Grössen gegeben sind, leicht einzusehen.

Für Formeln, deren Coëfficient k mit der Grösse v veränderlich ist, verfährt man in ganz ähnlicher Weise. Nehmen wir als Beispiel die Weisbach'sche Formel und zwar diejenige für Röhren, so geht, da wir es nun mit einer bestimmten Profilform, dem Kreise, zu thun haben, das Mf (durch Einsetzen des f für den Kreis) in M über und das R (durch Einsetzen des Coëfficienten m) in r bzw. d über.

Die Weisbach'sche Formel lautet:

$$d\varphi = \left(\alpha + \frac{\beta}{\sqrt{v}}\right) v^2.$$

Legen wir als Coordinaten wieder die M und φ zu Grunde, so rechnen wir uns zunächst für einzelne d und ein constantes v die Wassermengen M aus der Formel $M = \frac{d^2\pi}{4} \cdot v$; sodann rechnen wir für dieselben d und dasselbe constante v die φ aus der ersten Gleichung und erhalten so die Coordinaten für einzelne Punkte der Linie des eingesetzten v. Da in beiden Rechnungen die Veränderlichkeit des Coëfficienten nicht zum Ausdruck kommt, weil v constant bleibt,

$$\log M = \log \frac{d^2\pi}{4} + C \text{ und } \log \varphi = C - \log d \text{ ist,}$$

so werden die v-Linien parallele Gerade.

Lässt man dagegen, um die d-Linien zu erhalten, für ein constantes d die v variiren, so erhält man für die ersteren Curven, die unter sich wieder parallel verlaufen und nach der Richtung der v (wo die Veränderlichkeit des Coëfficienten nicht zur Geltung gelangt) die gleichen Abstände zeigen, wie die d-Linien bei constantem Coëfficienten.

Man kann sich auch diese Tabelle, ebenso wie die vorhergehende, aus derjenigen für constanten Coëfficienten entstanden denken. Da nämlich gleichen Werthen von d und v gleiche Wassermengen entsprechen, so müssen sich auch hier wieder gleiche d- und v-Linien auf gleichen M-Linien schneiden. Zieht man also durch die Schnittpunkte der v-Parallelen mit irgend einer d-Geraden der Tabelle für constanten Coëfficienten (z. B. d $= 1{,}0$) die M-

Linien ($a_1 b_1, a_2 b_2 \ldots$ Tabelle b) und schneidet auf diesen die den verschiedenen v entsprechenden $\log \varphi$ für den constanten Durchmesser d ab, nach Gleichung

$$\log \varphi = \log\left(\alpha + \frac{\beta}{\sqrt{v}}\right) v^2 - C,$$

worin $C = \log d$, so erhält man die einzelnen Punkte der d-Curve; und da nun für verschiedene d sich nur das C ändert, so folgt, dass die einzelnen d-Curven Parallele werden müssen.

Es genügt also auch hier wieder, eine solche d-Curve mit den Durchschnittspunkten der einzelnen v-Parallelen zu haben, um damit durch Verschieben der v-Geraden $\alpha\delta$ oder $\gamma\beta$ an dieser als Leitlinie die sämmtlichen übrigen d-Curven zu erzeugen. Diese Leitlinie stellt somit wieder die Categorielinie vor, ähnlich wie bei den mit d veränderlichen Coëfficienten die v-Curve diese repräsentirte.

Der folgenden Tabelle b ist als constanter Coëfficient der Dupuit'sche $k_0 = 25{,}46$ zu Grunde gelegt und als Categorielinien der Weisbach'schen Formel sind die $d = 0{,}06$ und $d = 1{,}0\,m$-Curven mit — · — · — Linien eingetragen.

Um also für ein gegebenes M und φ das v und d zu erhalten, sucht man den Schnittpunkt der betreffenden M und φ-Linien auf, legt den Maassstab $\alpha\delta$ oder $\beta\gamma$ mit der Theilung

Tabelle b.

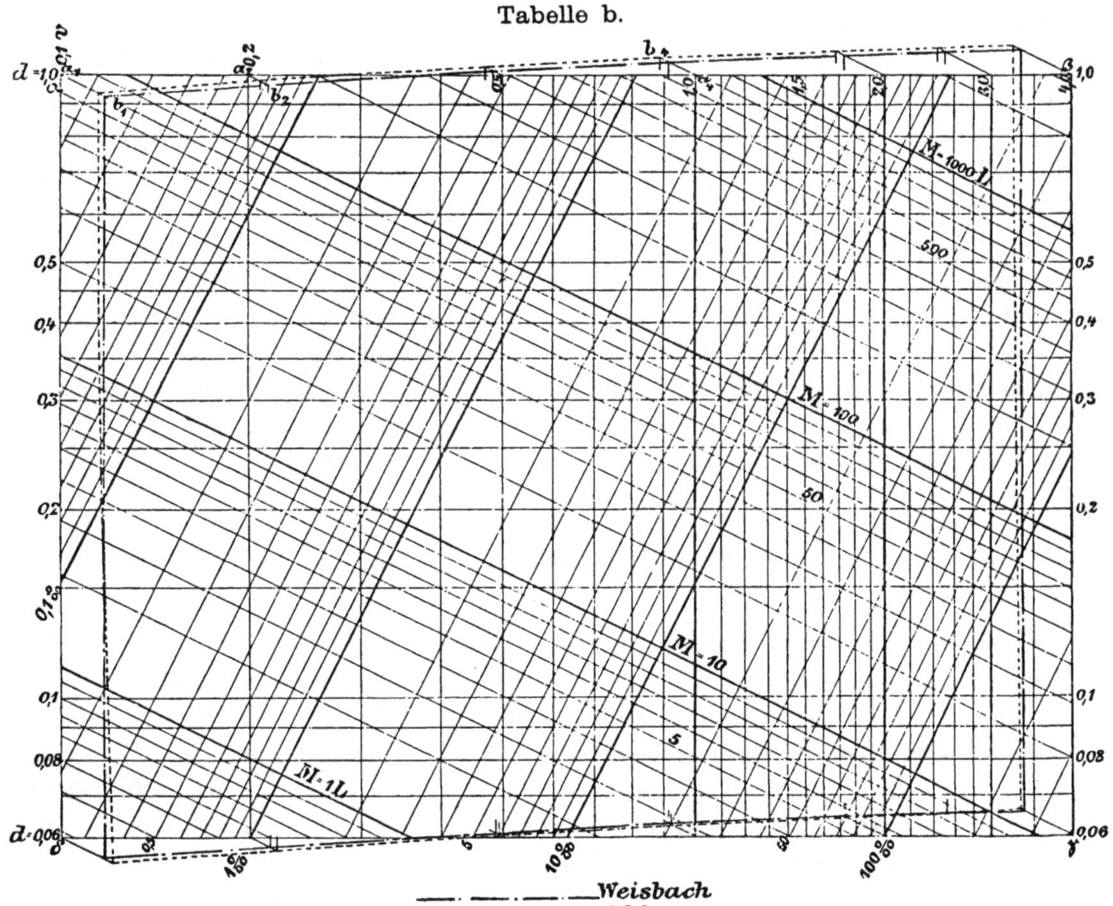

Fig. 10.

der d vertical mit seiner Kante an diesen Schnittpunkt so an, dass sein $d = 1{,}0$-Punkt auf der $d = 1{,}0$-Curve liegt, und liest nun an letzterer das v und am Maassstab selbst beim erwähnten Schnittpunkte das d ab. Für $M = 100\,l$ und $\varphi = 3\frac{0}{00}$ erhält man so: $v = 0{,}95$ und $d = 0{,}365$, während man nach Dupuit aus der Tabelle direct abliest: $v = 0{,}87$ $d = 0{,}38$. Ist z. B. $M = 20\,l$ und $d = 0{,}15\,m$ gegeben, so verschiebt man den Maassstab zwischen den Leitlinien ($d = 0{,}06$ und $1{,}0$) so lange, bis sein Theilpunkt $d = 0{,}15$ auf die $M = 20\,l$-Linie zu liegen kommt und liest hier aus der Tabelle ab $\varphi = 10\frac{0}{00}$ und an der Leitlinie $v = 1{,}12$, während man nach Dupuit erhält $\varphi = 13\frac{0}{00}$ und $v = 1{,}12$.

Ganz ähnlich ist die Behandlung, wenn der Coëfficient k mit der dritten Grösse, dem Gefälle φ, veränderlich ist, und es dürfte überflüssig sein, diesen Fall weiter durchzuführen.

Wenden wir uns nun dem Falle zu, in welchem der Coëfficient zwei Veränderliche enthält. In diesem Falle darf von den letzteren keine oder höchstens eine dem Coordinatensystem zu Grunde gelegt werden.

Als Beispiel diene zunächst die von Wehage aufgestellte Formel für Röhren, in welcher der Coëfficient von d und v abhängig ist. Für diese Formel kann von den beiden Coordinatensystemen $M - \varphi$ und $R - v$, welche wir nur berücksichtigen, lediglich das erste zu Grunde gelegt werden.

Wir benutzen nun gleich von Anfang an die Tabelle b für den constanten Coëfficienten, ziehen durch die Schnittpunkte einzelner v-Linien ($v = 0{,}1$ und $v = 4{,}0$) mit den d-Linien und durch die einzelner d-Linien ($d = 0{,}06$ und $d = 1{,}0$) mit den v-Linien die M-Linien und tragen auf diesen die entsprechenden φ auf, indem wir für erstere die v als Constante, für letztere die d als Constante behandeln. Wie man aus dem Verlauf der punktirten Linien sicht, erhält man nun sowohl für die v-Linien, wie für die d-Linien Curven, die aber jetzt nicht mehr unter sich parallel verlaufen, sondern verschieden gekrümmt sind. Man dürfte sich also hier nicht mehr mit der Construction einer Curve begnügen, sondern müsste streng genommen die ganze Tabelle mit all ihren Curven durchführen. Man sieht indess, dass bei der schwachen Krümmung der Curven hinreichende Genauigkeit erreicht wird, wenn man die äusseren Curven und vielleicht noch je eine mittlere einträgt und diese wieder als Leitlinien benutzt. Der Unterschied zwischen der Weisbach'schen und der neuen Wehage'schen Formel ist, wie der Verlauf der Curven zeigt, ein sehr geringer.

b) Coordinatensystem $R - v$.

1. Bei constantem Coëfficienten k.

Während im Vorhergehenden gezeigt wurde, wie bei Zugrundelegung von M und φ als Coordinaten in den einzelnen Fällen zu verfahren ist, mag nun noch erörtert werden, welche Vortheile das andere für die Tabelle c benutzte Coordinatensystem $R - v$ bietet.

Der Hauptvortheil desselben, welcher sofort einleuchtet, ist der, dass bei diesem für alle Formeln drei Liniensysteme stets unverrückt liegen bleiben. Denn nach welcher Formel wir auch rechnen, stets entsprechen gleichen Werthen von R und v auch gleiche Werthe von Mf; sind also erstere als Coordinaten fest, so müssen es auch die letzteren sein, und es bleiben somit die Liniensysteme der R, v und Mf ein für allemal unverrückt dieselben. Ein weiterer Vortheil ist es, dass die Tabelle eine bessere Abgrenzung erhält.

Die Mf werden nach der Gleichung $Mf = 4R^2v$ erhalten, indem man Mf constant nimmt und für einzelne R die v rechnet oder für einzelne v die R rechnet; in beiden Fällen erhält man für die Gleichung der Mf die einer Geraden:

$$\log v = \log Mf - 2\log 2R;\quad 2\log 2R = \log Mf - \log v.$$

Aehnlich findet man auch die Gleichungen der φ-Linien bei constantem Coëfficienten als linear, indem man nach der Formel $v = k\sqrt{R\varphi}$ für constante φ entweder mit veränderlichen R die v rechnet oder mit veränderlichen v die R rechnet und auf den betreffenden R- bzw. v-Linien aufträgt.

Die Liniensysteme der Mf und φ werden so wieder als aus parallelen, auf einander senkrechten Geraden bestehend, erhalten, so dass das Bild der Tabelle genau das gleiche, wie das von Tabelle a wird, vorausgesetzt, dass man für die Coordinaten R und v die gleichen Maassstäbe verwendet.

In dieser Weise ist die Tabelle c für den Eytelwein'schen Coëfficienten $k = 50{,}9$ gerechnet.

Betrachtet man wieder den Unterschied, den eine Aenderung des Coëfficienten k hervorbringt, so sieht man zunächst, dass dieselbe nur eine Aenderung der φ-Linien zur Folge haben kann, da ja die R-, v- und Mf-Linien immer unverrückt liegen bleiben.

Aus den obigen Gleichungen aber erkennt man leicht, dass bei einer Aenderung von k die Lage der φ-Linien unter sich, sowie ihre Neigung gegen die Horizontalen unverändert bleiben, und das ganze Liniensystem der φ nur eine horizontale Verschiebung nach rechts oder links erfahren wird.

Will man z. B. die Tabelle für $k = 100$ rechnen, so ergibt die Formel $v = 100\sqrt{R\varphi}$

für $R = 0{,}1$ und $\varphi = 1\,^0\!/_{00} = 0{,}001$ . . die Geschwindigkeit $v = 1{,}0$,
» $R = 0{,}1$ » $\varphi = 0{,}01\,^0\!/_{00} = 0{,}00001$ » » $v = 0{,}1$;

d. h. die φ-Linie für $\varphi = 1\,^0\!/_{00}$ wird die $R = 0{,}1\,m$-Horizontale in deren Schnittpunkt mit der $v = 1{,}0\,m$-Verticalen schneiden, die $\varphi = 0{,}01\,^0\!/_{00}$-Linie wird dieselbe Horizontale in $v = 0{,}1$ treffen.

Man ersieht also hieraus, dass das ganze Liniensystem der φ um das Stück aa_1 nach rechts zu verschieben ist, um die Tabelle des Coëfficienten $k = 100$ zu erhalten. Nachdem dies erkannt, genügt aber der eine Punkt a_1, um aus der ersten Tabelle für $k = 50{,}9$ diejenige für $k = 100$ zu construiren; denn durch ihn muss die $\varphi = 1\,^0\!/_{00}$-Linie gehen und muss senkrecht stehen auf den Mf-Linien; die Abstände der übrigen φ-Linien von ihr sind die gleichen wie diejenigen für 50,9. Um mit $k = 100$ zu rechnen, genügt also auch schon eine φ-Linie, z. B. die $\varphi = 1\,^0\!/_{00}$-Linie, und ein an dieser verschiebbarer horizontaler oder verticaler Maassstab, der getheilt ist nach den Durchschnittspunkten der einzelnen φ-Linien mit einer Horizontalen bzw. Verticalen.

Aus obiger Rechnung ergibt sich ferner, dass ebenso wie der Punkt a_1 oder der Durchschnittspunkt von $v = 1$ mit $R = 0{,}1$ dem $k = 100$ entspricht, ebenso auch das $v = 0{,}509$ dem $k = 50{,}9$, das $v = 0{,}3$ dem $k = 30$, das $v = 0{,}1$ dem $k = 10$ entspricht; dass also die Schnittpunkte der v mit der $R = 0{,}1$-Linie zugleich die Durchgangspunkte der $1\,^0\!/_{00}$ Gefällslinien der Coëfficienten $k = 100\,v$ darstellen. Denn für $R = 0{,}1$ und $\varphi = 1\,^0\!/_{00}$ wird $\sqrt{R\varphi} = \frac{1}{100}$, also $v = k\sqrt{R\varphi} = \frac{k}{100}$.

2. Bei veränderlichem Coëfficienten k.

Für Formeln mit veränderlichem Coëfficienten wird ebenfalls die Aenderung der Tabelle sich auf die Aenderung der Lage, Richtung oder Gestalt der φ-Linien beschränken.

Man erhält die φ-Linien, indem man für constante φ, je nachdem der Coëfficient mit R oder mit v veränderlich ist, die v für verschiedene R oder die R für verschiedene v rechnet und auf den betreffenden R- bzw. v-Linien aufträgt.

Für die Darcy-Bazin'sche Formel $R\varphi = \left(\alpha + \frac{\beta}{R}\right) v^2$ wird somit die logarithmische Gleichung der φ-Linien: $2 \log v = \log \frac{R}{c} - C$, wenn $c = \alpha + \frac{\beta}{R}$ und $C = \log \varphi$; von einer φ-Linie zur anderen ändern sich die $\log v$ nur um die constante Grösse $\log \varphi \pm \log \varphi_1$, woraus folgt, dass die einzelnen φ-Linien wieder unter sich parallel werden; und da für ein constantes R die v sich nur mit dem Gefälle ändern, wie beim constanten Coëfficienten, so werden auch die horizontalen Abstände der einzelnen φ-Linien die gleichen wie beim constanten Coëfficienten. Für die Bazin'sche Function $c = \alpha + \frac{\beta}{R}$ stellen sich die φ-Linien als Curven dar, von denen jedoch nach dem Vorhergehenden auch wieder eine einzige zur Fixirung einer ganzen Categorie genügt. An dieser wird der beim constanten Coëfficienten besprochene horizontale Maassstab verschoben.

In die Tabelle c ist die III. Categorie mit vier Gefällslinien ($\varphi = 0{,}01$, $0{,}1$, 1 und $10\,^0\!/_{00}$) durch punktirte Linien, bezeichnet mit B. III, eingetragen, aus welchen deren paralleler Verlauf zu ersehen ist.

In derselben Weise ergibt sich für die Gauckler'sche Formel $v = \alpha^2 \sqrt[3]{R^2} \sqrt{\varphi}$, deren Coëfficient $k = \alpha^2 \sqrt[6]{R}$ ebenfalls mit R veränderlich ist, die logarithmische Gleichung $\log v = \log \alpha^2 \sqrt[3]{R^2} + C$; da bei dieser die Veränderlichkeit des Coëfficienten proportional einer Potenz von R ist, und die obige Gleichung sich auch schreiben lässt:

$$\log v = \frac{2}{3} \log R + C + C_1, \text{ worin } C = \log \varphi \text{ und } C_1 = 2 \log \alpha,$$

so ersieht man, dass die φ-Linien in diesem Falle Gerade werden. Ihre Abstände unter sich werden wieder die gleichen wie bei den Bazin'schen Categorien und bei denen mit constantem Coëfficienten. In Tabelle c ist die III. Cat., bezeichnet mit G. III, ebenfalls durch vier Gefällslinien eingezeichnet.

Um in dieselbe Tabelle Formeln mit nach v veränderlichem Coëfficienten einzutragen, hätte man die $\log R$ für veränderliche v und ein constantes φ zu rechnen. Man erhält hierdurch auch wieder φ-Curven, die unter sich parallel werden, nicht aber nach der Richtung der R, sondern nach derjenigen der v verschoben zu denken sind. An der als Leitlinie dienenden φ-Curve muss also in diesem Falle ein mit der Theilung der v-Linien der Tabelle für constanten Coëfficienten versehener Maassstab vertical verschoben werden. (Siehe Taf. IX Weisbach.)

Für die mit φ veränderlichen Formeln wie z. B. die Hagen'sche $v = \beta \sqrt{R} \sqrt[5]{\varphi}$ hätte man wieder für constante φ und veränderliche R die $\log v$ zu rechnen aus $\log v = \frac{1}{2} \log R + C$;

die φ-Linien werden somit wieder Gerade und Parallele, deren Abstände jedoch jetzt andere werden; rechnet man aus $\log v = C + \frac{1}{5} \log \varphi$ für ein constantes R die Durchschnittspunkte der einzelnen φ-Parallelen mit der R-Linie, so ersieht man, dass diese Abstände nur $\frac{1}{5}$ von denjenigen bei constantem Coëfficienten betragen. Der aus der Tabelle für letzteren zu entnehmende Maassstab kann also auch hier noch verwendet werden, nur muss er entsprechend gedreht werden.

Tabelle c.

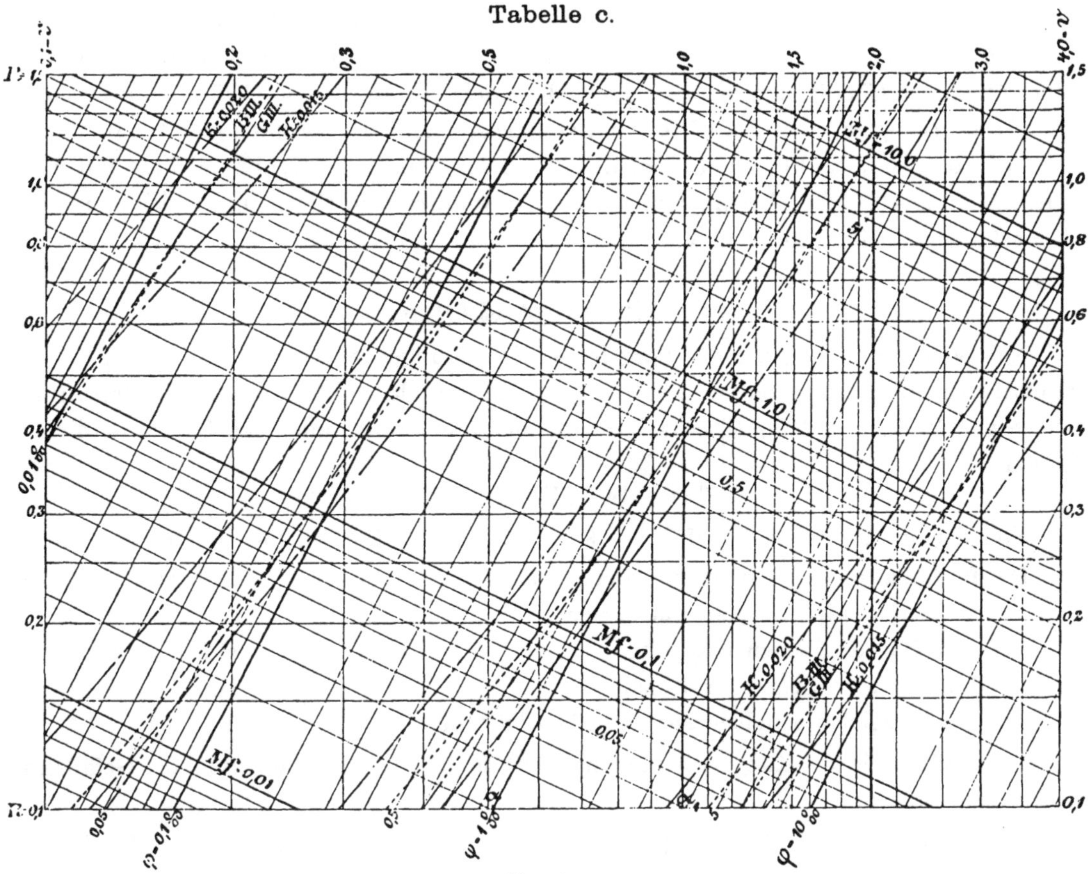

Fig. 11.

Endlich wären noch die Formeln mit nach zwei Grössen veränderlichen Coëfficienten zu betrachten. Es mag genügen, als Beispiel hierfür die Ganguillet-Kutter'sche Formel zu behandeln, deren Coëfficient nach dem Früheren mit R und φ veränderlich ist. Man erhält die einzelnen φ-Linien, indem man aus der Gleichung

$$v = k\sqrt{R\varphi} = \frac{23 + \frac{1}{n} + \frac{0,00155}{\varphi}}{1 + \left(23 + \frac{0,00155}{\varphi}\right)\frac{n}{\sqrt{R}}} \cdot \sqrt{R\varphi}$$

für constante φ und veränderliche R die $\log v$ rechnet und in die Tabelle einträgt. Wie schon aus der Form des Coëfficienten k ersichtlich, erhält man nun für jedes einzelne φ

eine andere Curve und es wäre also nothwendig, für jede Categorie dieser Formel eine eigene Tabelle mit allen Linien zu construiren. Man erreicht jedoch genügende Genauigkeit, wenn man nur die den Gefällen $\varphi = 10$‰, 1‰ und 0,1‰ entprechenden φ-Linien einträgt und diese für die einzelnen durch sie gebildeten Abtheilungen der Tabelle als Leitlinien benutzt, indem man sich des sonst horizontal gebrauchten Maassstabes bedient und denselben so dreht, dass gleichnamige φ-Punkte desselben auf gleichnamige φ-Curven zu liegen kommen.

In Tabelle c sind für die zwei Rauhheitsgrade $n = 0{,}015$ und 0,020 die Gefällscurven für $\varphi = 0{,}01$‰, 0,1‰, 1,0‰ und 10‰ eingetragen. Man ersieht aus denselben, dass sie, je schwächer das Gefälle, um so stärker geneigt sind; je grösser das Gefälle, um so steiler werden sie. Demgemäss wird auch der horizontale Abstand der φ-Linien gleicher Rauhheitsgrade um so grösser, je kleiner die Gefälle sind. Andererseits bemerkt man, dass mit wachsendem R diese Abstände abnehmen und für $R = 1{,}0$ unter sich gleich und gleich denjenigen bei constantem Coëfficienten werden.

c) Die Haupttabellen.

Nach den im Vorhergehenden dargelegten Erörterungen schien es zweckmässig, für die Haupttabellen als Coordinaten die R bzw. d und v zu Grunde zu legen, um so die drei Liniensysteme der R (d), v und Mf (M) als unverrückbar und die φ-Linien als Categorielinien zu erhalten.

1. Tabelle VIII für Kanäle.

Von den im Früheren aufgeführten Formeln sind in die Tabelle eingetragen:

Die	fünf Darcy-Bazin'schen Categorien	B. I. II. . . V.
»	sechs Gauckler'schen Categorien	G. I. II. . . VI.
»	drei Harder'schen Categorien	Hd. I. II. III.
»	Hagen'sche (neue) für Kanäle	Hg.

und des Vergleiches halber die Eytelwein'sche.

Diese sämmtlichen Categorien sind nur mit je einer Linie, nämlich der Gefällslinie $\varphi = 1$‰ eingetragen.

Ausserdem hat noch die Ganguillet-Kutter'sche Formel Aufnahme gefunden mit sieben Categorien, entsprechend den Rauhheitsgraden $n = 0{,}010$, 0,0125, 0,015, 0,020, 0,025, 0,030 und 0,035.

Es wäre wohl für die meisten Zwecke vollständig ausreichend gewesen, auch diese Categorien nur mit je einer Gefällslinie ($\varphi = 1$‰) zu fixiren; denn erstens wird mit den kleinen Gefällen, welche namentlich den kleinen R-Werthen entsprechen, wenig gerechnet, und zweitens werden die Fehler um so kleiner, je mehr sich das R dem Werthe 1 nähert. Um jedoch auch hierin den möglichsten Grad von Genauigkeit zu erreichen und die Formel möglichst vollständig zur Darstellung zu bringen, sind ausser den Gefällslinien für $\varphi = 1$‰ auch noch diejenigen für $\varphi = 10$‰ 0,1‰ und 0,01‰ eingezeichnet worden, über deren Benutzung das Nöthige im Vorhergehenden enthalten ist.

Vergleicht man nun die einzelnen Formeln mit einander, so ersieht man, dass der Verlauf der einzelnen Categorienlinien ein sehr verschiedenartiger ist und das Gesetz der Veränderlichkeit des Coëfficienten k sich in der mannigfachsten Weise durch sie darstellt.

Da wir aber die Ganguillet-Kutter'sche Formel doch als diejenige betrachten dürfen, welche dieses Gesetz unter allen Formeln am richtigsten darstellt, so lassen sich die übrigen Formeln durch einen Vergleich mit dieser mittels der Tabelle sehr leicht auf ihren Werth beurtheilen.

Was die Darcy-Bazin'sche Formel betrifft, so erkennt man, dass dieselbe bei rauheren Wänden und für kleinere R auch bei glatten Wänden ziemlich gute Uebereinstimmung zeigt, nicht aber für grössere R bei glatten Wänden. Der Coëfficient erreicht hier zu früh seinen constanten Werth (d. h. die zu den Mf-Linien senkrechte Richtung).

Die Gauckler'sche Formel, deren einzelne Categorienlinien parallele Gerade sind, stimmt für glatte Wände sehr gut überein, weniger gut aber für rauhe Wände. Jedoch sind die Abstufungen der Rauhheitsgrade durch die Grenzen derselben, in der Höhe $R = 0{,}4$ etwa genommen, ziemlich gut getroffen.

Die Harder'sche Formel zeigt gerade das umgekehrte Gesetz für die Veränderlichkeit des Coëfficienten von dem bei den vorhergehenden ersichtlichen. Nach dem Verlauf ihrer Categorielinien nähert sich ihr Coëfficient k mit abnehmendem R einer constanten Grösse und erreicht diese für $R = 0$, während bei den vorhergehenden Formeln diese Näherung mit zunehmendem R stattfindet und die constante Grösse für $R = \infty$ erreicht wird. Die Formel gibt deshalb für kleine Werthe von R zu grosse k und umgekehrt für grosse Werthe von R zu kleine k. Wände mit grösserer Rauhheit sind in ihrer Coëfficientenscala überhaupt nicht berücksichtigt.

Die Hagen'sche (neue) Formel, welche die Form der Gauckler'schen hat, stellt sich als eine zu den Linien dieser parallele Gerade dar; nach dem Werthe ihres constanten Coëfficienten ordnet sie sich zwischen G. IV und V (Kanäle in Erde ohne Pflanzen) ein und entspricht bezüglich des Rauhheitsgrades, namentlich für grössere Werthe von R, einem guten Mittelwerth, etwa dem Kutter'schen $n = 0{,}023$.

Die Eytelwein'sche Formel, die nur des Vergleiches wegen und um die Richtung des Verlaufes eines constanten Coëfficienten (Senkrechte zu den Mf-Linien) zu geben, eingezeichnet ist, zeigt, welch gewaltigen Fehlern man sich bei ihrem Gebrauche aussetzen würde.

2. Tabelle IX für Röhren.

In die im Vorhergehenden besprochene Tafel für Kanäle hätte man wohl auch die Categorien der Geschwindigkeitsformeln für Röhren aufnehmen können. Allein erstens hätte diese Tabelle noch eine Anzahl Linien mehr bekommen, was ihrer Uebersicht nicht gerade zu Gute gekommen wäre, und zweitens hielt ich es für angemessen, für Röhren eine eigene Tabelle aufzustellen, damit man bei dem verhältnissmässig viel stärkeren Gebrauch derselben nicht erst genöthigt ist, auf den Profilradius überzugehen, sondern unmittelbar mit dem Durchmesser rechnen kann.

Die Anlage ist im Uebrigen genau dieselbe, wie bei der vorhergehenden für Kanäle und gilt bezüglich des Gebrauches alles dort Gesagte; sogar die Linealtheilung bleibt dieselbe und kann unmittelbar auch für die Röhrentabelle verwendet werden [1]). Der einzige Unterschied ist nur der, dass man in dieser statt der R direct die Durchmesser d in Metern und statt der Mf direct die Wassermenge M in Litern abliest.

Die Categorien F. I und II stellen die Formeln des Verfassers für reine und unreine Leitungen, die mit D. I und II bezeichneten die beiden Darcy'schen (nämlich mit einfachem und doppeltem φ) und die mit L. I und II bezeichneten die beiden Levy'schen Formeln dar. Ausserdem ist noch die Weisbach'sche Formel mit drei Linien (W. 0,1, 1,0 und $10\,^0\!/_{00}$), ferner die Dupuit'sche (Dp.) eingetragen und aus der Kanaltabelle sind die drei ersten Gauckler'schen [2]) Categorielinien (für Thon- und Cementrohrleitungen) herübergenommen.

Der Vergleich der drei Formeln für neue (reine) Leitungen D. I, L. I und F. I zeigt, dass dieselben nur für Rohrdurchmesser von 0,5 m nahezu gleiche Resultate liefern; dass aber für grössere Rohrdurchmesser die Linien L. I und F. I und für kleinere Rohrdurchmesser die Linien L. I und D. I zusammengehen. Nach den letzteren käme den kleineren Calibern eine grössere Leitungsfähigkeit zu als nach F. I, und dies dürfte im Allgemeinen nicht zutreffen. Denn die neueren in Deutschland angestellten Versuche haben gerade zu dem Resultate geführt, dass die Leitungsfähigkeit mit der Abnahme des Durchmessers stärker abnimmt, als es die Darcy'sche und Levy'sche Formel anzeigen. Deshalb dürfte wohl der Curve F. I, die bei kleinern Calibern für eine gegebene Wassermenge etwas grössere Durchmesser gibt als die anderen Formeln, mehr Zutrauen zu schenken sein.

Andererseits zeugt das Zusammengehen der Linien F. I, L. I für grössere Caliber dafür, dass die Darcy'sche Formel für diese (ebenso wie bei den Kanälen) eine etwas zu kleine Leitungsfähigkeit angibt.

Bezüglich der älteren (unreinen) Leitungen zeigen die drei Formeln in den kleinen Calibern ziemliche Uebereinstimmung, in den grossen Calibern dagegen gehen sie stark aus einander. Soviel ist jedenfalls sicher, dass die Darcy'sche Formel, die nur auf der Verdoppelung des Gefälls für reine Leitungen beruht, für die grossen Caliber zu kleine Leitungsfähigkeit anzeigt und nicht maassgebend ist. Auch die Levy'sche Formel L. II ist oben noch sehr weit nach links geschoben und verdient wohl auch deshalb weniger Vertrauen, weil sie nur auf drei Versuchen (von Darcy) mit kleinen Calibern beruht; der Linie F. II dagegen liegen die neuen deutschen Versuche zu Grunde. Man wird jedoch auf alle Fälle sicher gehen, wenn man in den grösseren Calibern Mittelwerthe zwischen L. II und F. II benutzt. Es ist aber hierzu nochmals zu bemerken, dass die Coëfficienten für alte Leitungen nur die in Folge der Verringerung der Glätte eingetretene Widerstandsvermehrung und nicht etwa auch die Inkrustationen im Innern der Rohre berücksichtigen.

Hinsichtlich der Levy'schen Formel ist noch zu bemerken, dass dieselbe ähnlich wie die Harder'sche bei den Kanälen die nicht ganz wahrscheinliche Eigenschaft zeigt, dass ihr Coëfficient k_0 sich mit abnehmendem d einer Constanten nähert und diese für $d = 0$

---

[1]) soferne das Papier der Tabellen sich gleichmässig ausgedehnt hat.

[2]) Die Gauckler'sche Formel für Röhren konnte nicht eingetragen werden, da ihr Coëfficient mit d und v veränderlich ist und deshalb sich für das zu Grunde gelegte Coordinatensystem nicht eignete; ebenso die Hagen'sche und die Wehage'sche Formel.

erreicht, während die Darcy'sche und Frank'sche Formel für $d = \infty$ ein constantes k_0 erreichen.

Sehr gute Uebereinstimmung, sowohl bezüglich der Richtung, wie der Lage der Linien zeigt sich indess zwischen den F.- und den G.-Linien; die Linie F. I verläuft ziemlich in der Mitte der Cat. G. I bis II, die Linie F. II nahezu auf der Grenzlinie G. II.

Endlich die Weisbach'sche Linie entspricht für $\varphi = 1\frac{0}{00}$ in den kleinen Kalibern den Formeln für reine Leitungen, in den grösseren Kalibern aber denen für unreine; für grössere Gefälle, bzw. Geschwindigkeiten nähert sie sich mehr denen für reine Leitungen, für kleinere denen für unreine.

Die Dupuit'sche Linie, welche alle anderen schräg durchkreuzt, ist nur des Vergleiches halber eingezeichnet.

IV. Beispiele.

1. Ein Werkkanal, dessen Querprofil 1,5fache Böschungen in Erde und ein Verhältniss von Tiefe zu Sohlenbreite wie 0,5 : 1 ($\mu = 0{,}5$) erhalten soll, ist für ein Gefälle $\varphi = 1{,}5$‰ und eine Wassermenge von 5 cbm pro Secunde zu berechnen.

Für $\mu = 0{,}5$ und $\operatorname{cotg} \alpha = 1{,}5$ ist nach Taf. I $f = 0{,}446$ und $m = 0{,}624$; folglich wird $Mf = 5{,}0 \times 0{,}446 = 2{,}230$. Rechnet man nach der Hagen'schen Formel für Kanäle, so legt man den Maassstab horizontal mit seinem Theilpunkt 1‰ auf die *Hg.*-Linie (Taf. VIII) und verschiebt ihn an dieser so lange auf- oder abwärts, bis sein Theilpunkt, 1,5‰ auf die interpolirt gedachte Linie $Mf = 2{,}23$ gekommen ist. Nun liest man an letzterem Punkte aus der Tabelle ab: $v = 1{,}28\,m$ und $R = 0{,}66$ und erhält damit die Sohlenbreite

$$b_1 = \frac{2}{m} R = \frac{2}{0{,}624} \times 0{,}66 = 2{,}11 \text{ m, folglich } t = 1{,}06 \text{ m.}$$

Nach der Bazin'schen Formel (B. IV) hätte man erhalten: $v = 1{,}16$ und $R = 0{,}7$; somit $b_1 = \frac{2}{0{,}624} \times 0{,}7 = 2{,}24$ m und $t = 1{,}12$ m.

Die Kutter'sche Formel (K. 0,025) hätte ergeben: $v = 1{,}19$ und $R = 0{,}68$; damit $b_1 = \frac{2}{0{,}624} \times 0{,}68 = 2{,}18$ m und $t = 1{,}09$ m.

2. Welches Gefälle muss ein Kanal von rechteckigem Querschnitt ($b_1 = 4{,}0$ und $t = 1{,}0$ m) mit gemauerten Seitenwänden erhalten, damit er eine Wassermenge von 1,6 cbm abführt?

In diesem Falle ist $\mu = \frac{t}{b_1} = 0{,}25$ und $\operatorname{cotg} \alpha = 0$; für diese Werthe erhält man aus Taf. I oder aus Tabelle I: $f = 0{,}444$ und $m = 0{,}333$, und durch Einsetzen dieser Werthe $Mf = 1{,}6 \times 0{,}444 = 0{,}710$ und $R = \frac{m}{2}\, b_1 = \frac{0{,}333}{2} \times 4{,}0 = 0{,}666$. Sucht man den Schnittpunkt der diesen Werthen entsprechenden Linien in der Tabelle VIII auf, so liest man hier direct ab $v = 0{,}40$ m.

Will man nun das φ nach der Gauckler'schen Formel (G. IV), so legt man wiederum den Maassstab mit seinem Theilpunkt 1‰ auf die Linie G. IV und verschiebt ihn an dieser, bis seine Kante an obigen Schnittpunkt von Mf und R gekommen ist, und liest nun hier an seiner Theilung ab: $\varphi = 0{,}13$‰.

Rechnet man nach der Kutter'schen Formel (K. 0,020), so rückt man den Maassstab so in die Tabelle, dass er mit seinen Theilpunkten 0,1‰ und 1‰ auf den Linien K. 0,020 für $\varphi = 0{,}1$ bzw. 1‰ liegt und gleichzeitig seine Kante durch obigen Schnittpunkt geht. Alsdann liest man an diesem ab: $\varphi = 0{,}115$‰.

3. Ein Kanal soll ein möglichst günstiges, einmalig geböschtes Querprofil erhalten und darin eine Wassermenge von 2,3 cbm mit einer Geschwindigkeit von 0,9 m pro Secunde abführen; wie gross müssen die Profildimensionen und das Gefälle werden?

Für $\cotg \alpha = 1{,}0$ ist das günstigste Verhältniss $\mu_0 = 1{,}207$, für welches nach Taf. I $f = 0{,}547$ und $m = 1{,}207$. Somit wird $Mf = 2{,}3 \times 0{,}547 = 1{,}368$. Sucht man nun in der Tabelle VIII den Schnittpunkt von $Mf = 1{,}368$ und $v = 0{,}9$ auf, so liest man hier direct das $R = 0{,}62$ ab.

Nimmt man an, dass der Kanal mit Bruchsteinen gemauert ist, und rechnet nach B. III oder G. III, legt also den Maassstab mit $1\frac{0}{00}$ an die Linie B. III oder G. III, so dass seine Kante durch den obigen Schnittpunkt geht, so liest man hier ab: $\varphi = 0{,}45\frac{0}{00}$.

Aus obigem R erhält man die Dimensionen $b_1 = \frac{2}{m} R = \frac{2}{1{,}207} \times 0{,}62 = 1{,}027$ m und $t = 1{,}207 \times 1{,}027 = 1{,}240$ m.

4. Eine Rieselrinne soll bei quadratischem Wasserquerschnitt und einem Gefälle von $0{,}1\frac{0}{00}$ eine Wassermenge von 5 l pro Secunde zuführen; wie gross wird die Seite des Quadrats?

Für quadratischen Querschnitt oder $\mu = 1$ und $\cotg \alpha = 0$ ist $f = 0{,}444$ und $m = 0{,}666$; folglich $Mf = 0{,}005 \times 0{,}444 = 0{,}00222$; wenn man dieses in der Tabelle VIII aufsucht und verlängert und ebenso die $\varphi = 0{,}1\frac{0}{00}$-Linie K. 0,025, so entspricht deren Schnitt einem $R = 0{,}098$; folglich wird $b_1 = \frac{2}{m} R = 0{,}30\,\text{m} = t$.

5. Welche Sohlenbreite muss ein 1,5fach geböschter Kanal erhalten, der bei einem Gefälle von $0{,}8\frac{0}{00}$ eine Wassermenge von 5,0 cbm pro Secunde bei einer Tiefe von 0,9 m abführen soll?

In diesem Falle ist die Profilform nicht gegeben, sondern nur die Tiefe. Um zwei zusammengehörige Coëfficienten f und m einsetzen zu können, ist deshalb nöthig, das Verhältniss μ zu schätzen.

Für $\mu = \frac{1}{5} = 0{,}2$ erhalten wir nach Taf. I, wenn $\cotg \alpha = 1{,}5$:

$$f = 0{,}354 \text{ und } m = 0{,}29; \text{ folglich } Mf = 5{,}0 \times 0{,}354 = 1{,}770.$$

Rechnet man mit dem Kutter'schen Rauhheitsgrad $n = 0{,}025$ und verschiebt den Maassstab an den beiden Gefällslinien für $\varphi = 0{,}1$ und $1{,}0\frac{0}{00}$ bis der Punkt $0{,}8\frac{0}{00}$ in die Mf-Linie 1,77 kommt, so liest man aus der Tabelle hier ab $R = 0{,}7$. Damit erhält man $b_1 = \frac{2}{m} R = \frac{2}{0{,}29} \times 0{,}7 = 4{,}83$ m und $t = 0{,}2 \times 4{,}83 = 0{,}966$ m.

Das gewählte Verhältniss 0,2 wäre also etwas zu gross.

Führt man die Rechnung nochmals durch mit $\mu = 0{,}18$, so wird $f = 0{,}338$ und $m = 0{,}27$; folglich $Mf = 5{,}0 \times 0{,}338 = 1{,}690$.

Aus der Tabelle erhält man aus Mf und φ das $R = 0{,}69$; und hiermit $b_1 = \frac{2}{0{,}27} \times 0{,}69 = 5{,}11$ und $t = 0{,}18 \times 5{,}11 = 0{,}920$. Das Verhältniss $\mu = 0{,}18$ ist also immer noch zn gross.

Denkt man sich nun als Abscissen die erhaltenen $b_1 = 4{,}83$ und 5,11, und als Ordinaten in diesen Punkten die zugehörigen $t = 0{,}966$ und 0,92 aufgetragen, so erhält man aus der Interpolation $\frac{0{,}92 - 0{,}90}{0{,}966 - 0{,}92} = \frac{x}{5{,}11 - 4{,}83}$ den Zuwachs $x = 0{,}12$, den das letzterhaltene $b_1 = 5{,}11$ noch erhalten muss, damit das $t = 0{,}92$ auf 0,90 abnimmt; b_1 wird also $5{,}11 + 0{,}12 = 5{,}23$ m.

6. Ein gepflasterter Ablaufgraben mit Kreissohlenprofil und einmaligen Böschungen soll eine maximale Wassermenge von 0,654 cbm pro Secunde bei günstigster Füllung (bis zum Kreismittelpunkt) und einem Gefälle $\varphi = 0{,}5\frac{0}{00}$ abführen; wie gross werden die Dimensionen des Profils und die Geschwindigkeit?

Nach Taf. II wird für $\cotg \alpha = 1{,}0$ und $\mu = 1$ erhalten: $f = 0{,}560$ und $m = 1{,}0$; folglich $Mf = 0{,}654 \times 0{,}56 = 0{,}366$.

Für den Kutter'schen Rauhheitsgrad $n = 0{,}025$, der bei nicht besonders guter Haltung des Kanals gesetzt werden darf, ergibt sich für $Mf = 0{,}366$ und $\varphi = 0{,}5\frac{0}{00}$ das $R = 0{,}47$ und $v = 0{,}48$ m und da $r = \frac{2}{m} R$, so wird $r = \frac{2}{1{,}0} \times 0{,}47 = 0{,}94$ m.

7. Es soll noch nachgesehen werden, welche Wassermenge der eben gerechnete Kanal bei $^1/_2$ und bei $^1/_4$ Füllung abführt.

Bei halber Füllung ($\mu = 0{,}5$) ist $f = 0{,}534$ und $m = 0{,}576$; folglich wird $R = \frac{m}{2} \times r = \frac{0{,}576}{2} \times 0{,}94 = 0{,}271$; für dieses R und das Gefälle $\varphi = 0{,}5\frac{0}{00}$ ergibt sich aus der Tabelle VIII $v = 0{,}34$ und $Mf = 0{,}097$; also $M = \frac{0{,}097}{0{,}534} = 0{,}18$ cbm. Bei $^1/_4$ Füllung ($\mu = 0{,}25$) ist das Profil nur mehr ein Kreisabschnitt, für welchen man der Taf. II die Werthe $f = 0{,}435$ und $m = 0{,}315$ entnimmt; hiermit wird $R = \frac{m}{2}\, r = \frac{0{,}315}{2} \times 0{,}94 = 0{,}148$; dieses ergibt für $\varphi = 0{,}5\frac{0}{00}$ und $n = 0{,}025$ ein $v = 0{,}21$ m und $Mf = 0{,}018$; also $M = \frac{0{,}018}{0{,}435} = 0{,}041$ cbm.

8. Für einen Kanal mit Kreissohlenprofil von 1,5 fachen Böschungen ist für die maximale Füllung bis zum Kreismittelpunkte die maximale Geschwindigkeit $v = 0{,}9$ m und das Gefälle $\varphi = 5\frac{0}{00}$ vorgeschrieben; wie gross werden die Dimensionen des Profils und die Wassermenge?

Für $\cotg \alpha = 1{,}5$ und $\mu = 1{,}0$ wird $f = 0{,}479$ und $m = 1{,}0$.

Darf als Rauhheitsgrad $n = 0{,}020$ angenommen werden, so legt man den Maassstab so in Tabelle VIII, dass die beiden Theilpunkte $\varphi = 1\frac{0}{00}$ und $10\frac{0}{00}$ auf die entsprechenden Curven kommen und gleichzeitig der Punkt $\varphi = 5\frac{0}{00}$ in die Verticale $v = 0{,}9$, und liest nun aus der Tabelle ab: $R = 0{,}148$ und $Mf = 0{,}079$; folglich wird

$$r = \frac{2}{m} R = \frac{2}{1{,}0} \times 0{,}148 = 0{,}296 \text{ m und } M = \frac{0{,}079}{0{,}479} = 0{,}165 \text{ cbm.}$$

Rundet man r auf 0,3 m ab, so wird $R = 0{,}15$ und die Wassermenge vergrössert sich dann auf $Mf = 0{,}082$ oder $M = \frac{0{,}082}{0{,}479} = 0{,}171$ cbm, die Geschwindigkeit auf $v = 0{,}91$ m.

9. Ein gemauerter Kanal mit Halbkreisprofil von 2 m Radius soll dem Wasser eine Geschwindigkeit von 1,2 m ertheilen; wie gross wird die Wassermenge und das Gefälle?

Für $\mu = 1$ und $\cotg \alpha = 0$ wird nach Taf. II $f = 0{,}637$ und $m = 1{,}00$, folglich $R = \frac{m}{2} r = 1{,}00$. Schnittpunkt von R und v gibt, wenn man nach B. III oder G. III rechnet, $\varphi = 0{,}43\frac{0}{00}$ und $Mf = 4{,}75$ oder $M = \frac{4{,}75}{0{,}637} = 7{,}45$ cbm.

10. Welche Wassermenge führt ein Durchlass von 0,8 m Weite und 1,2 m Lichthöhe bei einem Gefälle von $2\frac{0}{00}$ und offenem Wasserspiegel im Maximum ab? Um wie viel nimmt die Wassermenge ab, wenn der Wasserspiegel die Decke erreicht? (Cat. K. 0,017.)

Für $\cot g\, \alpha = 0$ und $\mu = \frac{1,2}{0,8} = 1,5$ ist nach Taf. I:

für das Rechteck ohne Decke $f = 0,375$, $m = 0,75$

» » » mit » $f = 0,240$, $m = 0,60$.

Im 1. Falle $R = \frac{m}{2} b = \frac{0,75}{2} \times 0,8 = 0,300$; $Mf = 0,42$; $M = \frac{0,42}{0,375} = 1,12$; $v = 1,16$,

» 2. » $R = \frac{m}{2} b = \frac{0,60}{2} \times 0,8 = 0,240$; $Mf = 0,23$; $M = \frac{0,23}{0,24} = 0,95$; $v = 0,99$.

Die Wassermenge nimmt also von 1,12 auf 0,95 cbm, somit um 0,17 cbm ab.

11. Wie hoch muss sich das Wasser am Einlauf des Durchlasses stauen, damit die Wassermenge von 1,12 cbm wieder abgeführt wird?

Es sind nun die Coëfficienten des zweiten Falles einzusetzen und bleibt also $R = 0,24$. Schnittpunkt $R = 0,24$ und $Mf = 1,12 \times 0,24 = 0,269$ gibt $v = 1,16$ und $\varphi = 2,8\frac{0}{00}$.

Vom Auslaufe des Durchlasses nach aufwärts wird sich also eine Drucklinie von $2,8\frac{0}{00}$ (statt $2\frac{0}{00}$) Steigung herstellen und bei z. B. 20 m Länge des Durchlasses $(0,0028 - 0,0020) \times 20 = 0,016$ m Stau verursachen.

12. Ein Kanal mit Kreisprofil soll bei $^3/_4$ Füllung und einem Gefälle $\varphi = 0,5\frac{0}{00}$ eine Wassermenge von 0,80 cbm pro Secunde abführen; welche Weite muss er erhalten?

Für $^3/_4$ Füllung ist nach Taf. III $f = 0,576$, $m = 1,207$; folglich $Mf = 0,461$; Schnittpunkt Mf und φ gibt für Cat. K. 0,015: $R = 0,38$ und $v = 0,77$, somit $r = \frac{2}{m} R = \frac{2}{1,207} \times 0,38 = 0,63$ m und $d = 1,26$ m.

13. Welche Wassermenge führt ein eiförmiger Kanal von 0,6 m Weite bei einem Gefälle von $4\frac{0}{00}$ und einer Füllung bis zum Kämpfer ab?

Für die Kämpferhöhe entnimmt man der Taf. IV die Werthe $f = 0,528$ und $m = 1,263$; folglich wird $R = \frac{m}{2} r = \frac{1,263}{2} \times 0,3 = 0,189$.

Nach Cat. K. 0,0125 erhält man im Schnittpunkte von R und φ

$$Mf = 0,240,\ M = \frac{0,240}{0,528} = 0,454 \text{ cbm und } v = 1,70 \text{ m}.$$

14. Ein eiförmiger Kanal soll im Maximum 0,8 cbm Wasser abführen, im Minimum 0,04 cbm, letztere aber noch mit mindestens 0,6 m Geschwindigkeit; wie gross werden die Profildimensionen und das Gefälle? Aus dem Verlaufe der α_4-Curve in Taf. IV ersieht man, dass die grösste Wassermenge bei 0,95 Füllung abgeführt wird; diesem Füllungsgrad entspricht $f = 0,38$ und $m = 1,31$; folglich wird $Mf = 0,8 \times 0,38 = 0,304$. Mittels der α_4- oder der Wassermengencurve erhält man die Füllung für die minimale Wassermenge 0,04 cbm aus derjenigen für die maximale durch die Proportion der α_4; das α_4 der letzteren ist nach der Tabelle 3,61; somit entspricht der minimalen Wassermenge ein $\alpha_4 = \frac{0,04}{0,80} \times 3,61 = 0,18$;

sucht man $\alpha_4 = 0{,}18$ auf, so entspricht dieses einer Füllung von 0,155, für welche man weiter der Taf. IV $f = 0{,}611$ und $m = 0{,}48$ entnimmt. Folglich wird für Kleinwasser $Mf = 0{,}04 \times 0{,}611 = 0{,}02444$, und da hierfür $v = 0{,}6$ m sein soll, so erhält man nach Cat. K. 0,0125[1]): $R = 0{,}101$ und $\varphi = 1{,}25\,^0/_{00}$; also muss $r = \frac{2}{m} R = \frac{2}{0{,}48} \times 0{,}101 = 0{,}421$ m werden. Mittels des eben erhaltenen Gefälls $\varphi = 1{,}25\,^0/_{00}$ und der Maximalwassermenge $Mf = 0{,}304$ würde man aber bekommen $R = 0{,}255$ und $r = \frac{2}{1{,}31} \times 0{,}255 = 0{,}39$ m. Diese Differenz zwischen den beiden so erhaltenen r rührt aber her aus der Vernachlässigung der Verschiedenheit der Geschwindigkeitscoëfficienten in der obigen Proportion.

Diese Differenz hat jedoch nichts weiter auf sich, da in der Praxis der Radius r ja doch abgerundet wird und es fragt sich nun nur, wie abzurunden ist. Nimmt man den zwischen beiden Werthen liegenden $r = 0{,}40$ und behält das Gefälle $1{,}25\,^0/_{00}$ bei, so muss die Füllhöhe für Kleinwasser eine grössere werden; wählt man als Füllungsgrad statt 0,155 nun 0,17, so wird hierfür $f = 0{,}613$, $m = 0{,}51$ und folglich $R = \frac{m}{2} r = \frac{0{,}51}{2} \times 0{,}4 = 0{,}102$.

Diesen beiden Werthen R und φ entspricht aber eine Wassermenge $Mf = 0{,}025$ oder $M = \frac{0{,}025}{0{,}613} = 0{,}407$ und eine Geschwindigkeit $v = 0{,}603$.

Der Radius $r = 0{,}4$ oder die Weite des Kanals von 0,8 m und das Gefälle $\varphi = 1{,}25\,^0/_{00}$ genügen also den Bedingungen.

15. Für eine Wasserversorgung soll ein begehbarer Kanal mit Eiprofil auf dem stumpfen Ende von 1,0 m Weite und 1,5 m Höhe für eine normale Wassermenge von 0,400 cbm und ein Gefälle von $0{,}6\,^0/_{00}$ angelegt werden. Wie hoch stellt sich das Wasser und welche Geschwindigkeit nimmt es an?

Wir rechnen zunächst die Wassermenge, welche der Kanal bei halber Füllung abführt. Für diese wird nach Taf. V: $f = 0{,}595$, $m = 1{,}233$; folglich $R = \frac{m}{2} r = \frac{1{,}233}{2} \times 0{,}5 = 0{,}308$; Schnittpunkt R und φ gibt für Cat. K. 0,0125[1]): $Mf = 0{,}345$ und $M = \frac{0{,}345}{0{,}595} = 0{,}580$ cbm ($v = 0{,}90$ m).

Wir benutzen nun wieder die Abscissen der Wassermengen (α_4)-Curve zum Ansatze der Proportion $\frac{0{,}580}{2{,}008} = \frac{0{,}400}{x}$, worin 2,008 das α_4 für halbe Füllung und x das gesuchte dem $M = 0{,}40$ entsprechende α_4, welches sich hieraus ergibt zu 1,384. Dieser Abscisse entspricht eine Füllung von 0,385. Ebenso bekommt man die Geschwindigkeit mittels der Geschwindigkeitscurve (α_3) durch die Proportion $\frac{0{,}90}{0{,}785} = \frac{v}{0{,}738}$, worin 0,785 das α_3 für halbe Füllung, 0,738 das α_4 für 0,385 Füllung. Diese ergibt $v = 0{,}846$ m.

Wollte man eine Revisionsrechnung anstellen, so könnte man nun für den erhaltenen Füllungsgrad 0,385 die Wassermenge direct bestimmen und zusehen, ob dieselbe mit der gegebenen von 0,400 cbm stimmt.

Dem Füllungsgrad 0,385 entspricht nach Taf. V $f = 0{,}632$ und $m = 1{,}086$; somit würde $R = \frac{m}{2} r = \frac{1{,}086}{2} \times 0{,}5 = 0{,}2715$. Für dieses R und φ erhält man wieder nach Cat. K. 0,0125[1]): $Mf = 0{,}247$ und $M = 0{,}391$ cbm (gegen 0,400 cbm). Die kleine Differenz ist wiederum die

---

1) Sicherer wählt man für Backsteinmauerwerk: K. 0,015.

Folge der Nichtberücksichtigung der Geschwindigkeitscoëfficienten-Abnahme in obiger Proportion. Der Füllungsgrad müsste statt 0,385 etwa 0,390 sein, oder also die Füllhöhe 0,390 der ganzen Höhe $1{,}50 = 0{,}585$ m.

Die durch obige Berechnungsweise erzielte Genauigkeit ist also eine völlig ausreichende.

16. Welche Wassermenge ist erforderlich, um in einem Kanal von elliptischem Profil von 1,2 m Weite und 1,8 m Höhe und einem Gefälle von 1‰ zum Zwecke der Spülung eine Geschwindigkeit von 1 m zu erzeugen, und wie hoch muss sich das Profil füllen?

Der Schnittpunkt $v = 1{,}0$ und $\varphi = 1$‰ gibt (nach K. 0,0125) direct $R = 0{,}241$ und $Mf = 0{,}232$; aus R erhält man $m = 2\,\frac{R}{a} = 2 \times \frac{0{,}241}{0{,}6} = 0{,}803$; diesem m entspricht nach Taf. VI ein $f = 0{,}628$ und ein Füllungsgrad von 0,27. Hieraus bekommt man $M = \frac{0{,}232}{0{,}628}$ $= 0{,}370$ cbm pro Secunde und die Füllhöhe $0{,}27 \times 1{,}8 = 0{,}486$ m.

---

17. Eine Rohrleitung aus gusseisernen Röhren von 2700 m Länge und 20,25 m absolutem Gefälle soll eine Wassermenge von 250 l pro Secunde zuführen. Wie gross wird der Durchmesser und die Geschwindigkeit?

Die Werthe werden aus der Röhrentabelle IX in derselben Weise wie aus der Kanaltabelle entnommen. Man verschiebt den Theilpunkt 1‰ des Maassstabes stets auf einer der Categorielinien, bis die Kante des Maassstabes durch den den gegebenen Grössen entsprechenden Schnittpunkt geht. Nur beim Gebrauche der Weisbach'schen Formel hat man den Maassstab mit der doppelt grossen Theilung zu benutzen und diesen an der *W*-Linie in verticaler Lage zu verschieben.

Für obige Aufgabe erhält man somit nach den verschiedenen Formeln, wenn man das relative Gefälle $\varphi = \frac{20{,}25}{2700} = 7{,}5$‰ zum Schnitte mit der $M = 250\,l$-Linie bringt:

Nach D. I.	$d = 0{,}428$ m	$v = 1{,}73$ m		Nach D. II.	$d = 0{,}49$ m	$v = 1{,}31$ m
» L. I.	$d = 0{,}425$ »	$v = 1{,}76$ »		» L. II.	$d = 0{,}48$ »	$v = 1{,}37$ »
» F. I.	$d = 0{,}430$ »	$v = 1{,}71$ »		» F. II.	$d = 0{,}455$ »	$v = 1{,}52$ »
» W.	$d = 0{,}430$ »	$v = 1{,}71$ »		» Dp.	$d = 0{,}46$ »	$v = 1{,}50$ »

Da für die Bestimmung des Durchmessers stets der spätere Zustand der Innenwandung des Rohres maassgebend ist, so wäre nach dem Früheren etwa das Caliber 0,475 m zu wählen.

18. Ein aus Bruchsteinen gemauerter Siphon mit glattem Cementverputz von 2 m Durchmesser soll eine Wasserleitung über ein Thal führen, die eine Wassermenge von 3,0 cbm beizuführen hat. Wie gross wird die Wasserspiegeldifferenz zwischen Einlauf und Auslauf, wenn die Länge des Siphons 150 m beträgt?

Nimmt man als Categorie das Mittel zwischen G. I und G. II, so erhält man im Schnittpunkte von $d = 2{,}0$ und $M = 3000\,l$: $v = 0{,}95$ und $\varphi = 0{,}31$‰; somit $h = \varphi \times l$ $= 0{,}00031 \times 150 = 0{,}0465$ m.

19. Für eine Rohrleitung ist die Geschwindigkeit $v = 0{,}9$ m als kleinste für alle Zeiten und das Gefälle $\varphi = 20$‰ gegeben; wie gross wird der Durchmesser und welches ist die

Wassermenge, die für den neuen Zustand der Leitung und die nach längerem Betrieb zu erwarten steht? Da v nicht unter 0,9 m sinken soll, so ist der Durchmesser der Leitung mit diesem v und dem gegebenen φ nach den Formeln für alte Leitungen zu bestimmen; man erhält hierfür nach D. II und F. II $d = 0{,}102$ rund 0,100 m und $M = 7{,}4$ l als Wassermenge nach längerem Betrieb, während diejenige zu Anfang des Betriebes nach F. I. 8,5 l, nach D. I und L. I 10 l beträgt.

20. Liefert die vorstehende Leitung nach längerem Betriebe jedoch nur mehr eine Wassermenge von 4 l pro Secunde, so wäre dies die Folge einer Rohrverengung durch Niederschläge. Die mittlere Stärke dieser Niederschläge erhält man folgendermaassen: für $M = 4$ l und $\varphi = 20\,^0\!/_{00}$ ergeben die Formeln D. II und F. II einen Durchmesser $d = 0{,}081$ m; da die Leitung aber ursprünglich einen Durchmesser $d = 0{,}100$ m hatte, so ist die Stärke des Niederschlages $\frac{0{,}100 - 0{,}081}{2} = \text{c. } 10\,\text{mm}$.

www.ingramcontent.com/pod-product-compliance
Lightning Source LLC
LaVergne TN
LVHW081350011026
849161LV00013BB/3044